U0296037

中国精致建筑100

北京故宫

周苏琴 撰文
胡 锤 刘志岗 赵 山 周苏琴 冯 辉 杨宏刚 摄影
茹竞华 吕小红 周苏琴 绘图

中国建筑工业出版社

出版说明

中国是一个地大物博、历史悠久的文明古国。自历史的脚步迈入新世纪大门以来，她越来越成为世人瞩目的焦点，正不断向世人绽放她历史上曾具有的魅力和光辉异彩。当代中国的经济腾飞、古代中国的文化瑰宝，都已成了世人热衷研究和深入了解的课题。

作为国家级科技出版单位——中国建筑工业出版社60年来始终以弘扬和传承中华民族优秀的建筑文化，推动和传播中国建筑技术进步与发展，向世界介绍和展示中国从古至今的建设成就为己任，并用行动践行着“弘扬中华文化，增强中华文化国际影响力”的使命。从20世纪80年代开始，中国建筑工业出版社就非常重视与海内外同仁进行建筑文化交流与合作，并策划、组织编撰、出版了一系列反映我中华传统建筑风貌的学术画册和学术著作，并在海内外产生了重大影响。

“中国精致建筑100”是中国建筑工业出版社与台湾锦绣出版事业股份有限公司策划，由中国建筑工业出版社组织国内百余位专家学者和摄影专家不惮繁杂，对遍布全国有历史意义的、有代表性的传统建筑进行认真考察和潜心研究，并按建筑思想、建筑元素、宫殿建筑、礼制建筑、宗教建筑、古城镇、古村落、民居建筑、陵墓建筑、园林建筑、书院与会馆等建筑专题与类别，历经数年系统科学地梳理、编撰而成。本套图书按专题分册，就其历史背景、建筑风格、建筑特征、建筑文化，结合精美图照和线图撰写。全套100册、文约200万字、图照6000余幅。

这套图书内容精练、文字通俗、图文并茂、设计考究，是适合海内外读者轻松阅读、便于携带的专业与文化并蓄的普及性读物。目的是让更多的热爱中华文化的人，更全面地欣赏和认识中国传统建筑特有的丰姿、独特的设计手法、精湛的建造技艺，及其绝妙的细部处理，并为世界建筑界记录下可资回味的建筑文化遗产，为海内外读者打开一扇建筑知识和艺术的大门。

这套图书将以中、英文两种文版推出，可供广大中外古建筑之研究者、爱好者、旅游者阅读和珍藏。

目录

北京故宫

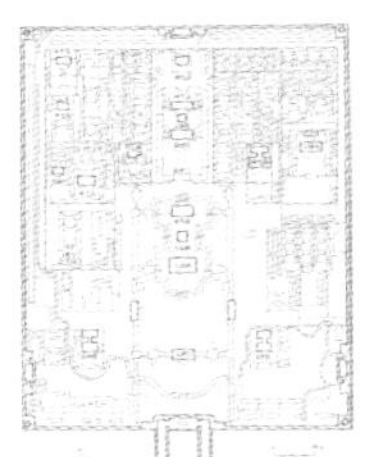

北京故宫，又称紫禁城，建成于明永乐十八年（1420年），是中国封建社会最后两个王朝——明、清的宫殿。明清两代共有24位皇帝先后居住在这里，至清代宣统三年（1911年）溥仪退位为止，走过了漫长的岁月。

这座宏伟的宫殿，既是皇帝统治国家、日理万机的政治中心，也是其庞大家庭成员居住、休息、娱乐以及进行其他许多活动的地方。包括议事听政、接见使臣、发布重大政令、庆典，以及后寝、书房、戏台、花园、佛堂、藏书和值勤、服务、保卫等众多内容的建筑物。这座宫殿集中体现了中国宫殿建筑几千年来的空间布局、建筑造型、装饰艺术的优良传统，独具魅力的皇家气派。踏进紫禁城，她的凝重、沉稳、壮丽、辉煌，震撼着每一个人的心。中华民族几千年古老文化的丰厚积淀，留给人们以深深的思考和不尽的遐想。

1961年故宫被列为中华人民共和国第一批全国重点文物保护单位；1987年列入世界文化遗产保护项目。故宫是世人瞩目的世界珍贵的文化遗产，她是中国人民的自豪和骄傲。

紫禁城占地72万平方米，有房屋8000余间，建筑雄伟壮观，气势恢宏，是我国现存规模最大、保存最完整的宫殿建筑群。

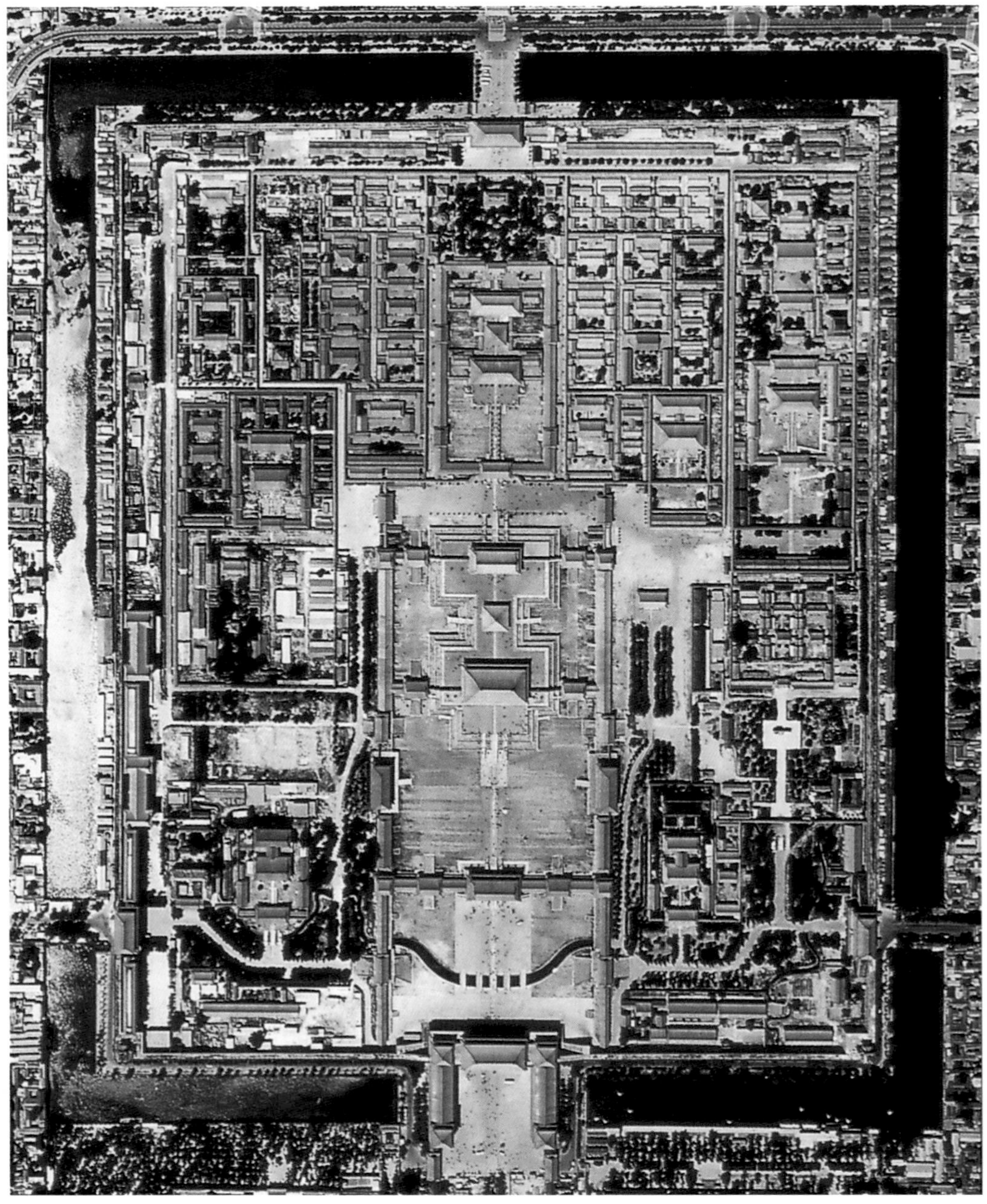

图0-1 故宫鸟瞰图

一、帝王之家——紫禁城

明代第一位皇帝朱元璋在新王朝成立之初，曾以洛阳为北京，以凤阳为中都，建康为南京，并建都在南京。之后，大将徐达攻克元大都，遂改元大都为北平。燕王朱棣称帝后，改元永乐，改北平为北京。永乐四年（1406年）下诏营建北京宫殿，五年开始为营建工程备料和进行规划，并先期进行道路、河流、排水及主要的基础等项工程。永乐十五年（1417年）正式动工，永乐十八年（1420年）落成：前后历时十四年。永乐十八年十一月，下诏正式迁都北京。北京开始了作为明代首都的历史。永乐十九年，三大殿遭雷火被焚，后重建直至明正统六年方建成，以致仁宗、宣宗、英宗三朝皇帝继位时，竟无金銮宝殿可坐。明嘉靖三十六年（1557年）前朝三大殿再次毁于雷火，并延烧至午门，外朝三殿二楼十五门皆烧

图1-1 明清紫禁城总平面图/对面页

从总平面图中可以看出：东、西华门位于紫禁城东西墙南侧；外朝与内廷的分界线——乾清门广场偏北，与历史上其他朝代宫城东西门与朝寝之间道路相通的布局不同。表明了紫禁城建筑布局的隐秘和使用的合理性。

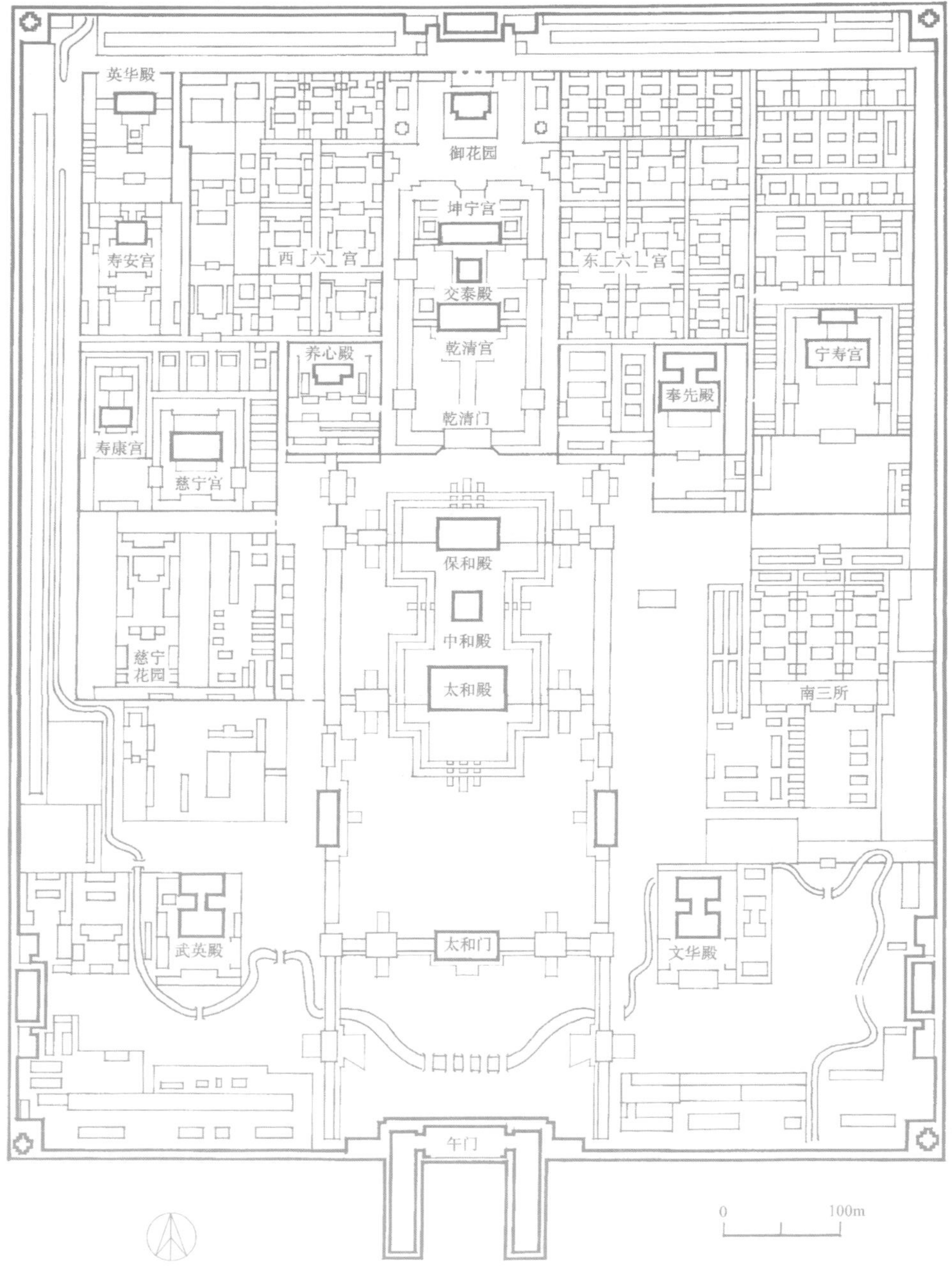
英华殿
御花园
坤宁宫
寿安宫
西 六 宫
东 六 宫
交泰殿
乾清宫
养心殿
宁寿宫
奉先殿
乾清门
寿康宫
慈宁宫
保和殿
中和殿
慈宁
花园
太和殿
南三所
武英殿
太和门
文华殿
午门
0
100m

毁，变为一片焦土。外朝建筑的再次恢复是在嘉靖三十八年，动用人力物力，用了四年的时间陆续恢复重建，嘉靖四十一年重建完工。明朝从万历起，盛世日衰，已无力再进行大规模的兴建。万历二十五年（1597年）三大殿再次火灾，至四十三年才开始重建，到天启七年（1627年）历时三十年方建成，直至明末，更是每况愈下。

顺治元年（1644年），清军入关。十月顺治皇帝在奉天门（太和门）颁诏告天下，开始了清代200多年的统治。

清代对于明宫殿在全盘继承的基础上又有所改变。清初，由于战乱未平，统治者还无力对明宫殿重新进行大规模的修缮，只是在顺治二年至三年将外朝三大殿一组建筑略加修整。直至顺治十年，才相继对内廷部分建筑进行修缮。其中除了将原明代皇后所住的坤宁宫仿盛京清宁宫改为满族萨满教祭祀的场所外，对明宫殿原有的建筑布局及形制都没有大的改变。圣祖康熙帝继位时，皇太后与太皇太后均健在，为此，康熙皇帝将内廷外东路一区建筑修缮后改称宁寿宫，供皇太后居住。康熙朝御门听政，改明代奉天门（太和门）为乾清门，一些衙署的值侍之所随之从太和门外东西庑房迁至乾清门一带，由此添建了一些值房，如九卿房，王公大臣值房等。

雍正皇帝胤祯继位后，常居紫禁城，并在紫禁城内建了一座城隍庙，以保佑平安。一些

图1-2 从景山南望紫禁城

斋戒仪式也在宫内举行，雍正九年在乾清宫东侧新建了一处专供斋戒使用的宫殿——斋宫。雍正十年（1732年）又在奉先殿南侧新建一座独立的建筑，称为射箭亭，是清代考武状元的地方。康乾时期是清王朝的鼎盛阶段，乾隆年间，在康雍盛世的基础上，对紫禁城内建筑大加修葺，在位六十年改建、添建、修缮工程从未间断。新建、改建工程项目之多为明清各朝之首。乾隆初年，将乾隆帝做皇太子时居住的潜宫乾西二所改建为重华宫；乾隆七年，又将乾西四所、五所改建为建福宫及其花园，一是作为日后苫次之所，同时又弥补了做皇太子时无园之憾。花园建筑陆续建成，前后用了十几年的时间，乾隆皇帝对这组建筑十分偏爱，为此作了许多诗赋，以抒情怀。乾隆十四年，在明代隆德殿的基础上，新建了一座藏式建筑——雨花阁；二十三年又改建慈宁花园中的一些建筑，作为以藏传佛教为内容的佛堂。从三十六年开始到四十一年，将康熙年间为皇太后所建的宁寿宫改建为前朝后寝的布局，是乾隆年间最大的一项改建工程。新建的宁寿宫，是乾隆皇帝为自己准备在位满60年退位后做太上皇时居住的宫殿。这组建筑华美秀丽，装饰精美豪华，是乾隆盛世建筑的代表之作。乾隆三十九年为收贮《四库全书》在外朝东侧文华殿之后新建了一座大型藏书楼，名文渊阁。阁仿浙江宁波范氏天一阁，青砖砌筑，饰以冷色，古朴典雅。乾隆年间，外朝三台上的栏板

图1-3 从午门北望太和门/对面页

望柱因年久风化腐蚀严重，为添换需要，也为省工省时且达到更新换旧的目的，乾隆皇帝决定将中轴线上自午门直至大清门中心原白石御路面换成青石，将换下的白石改用在三台的工程上。至此，明代中轴线上的白石御路均改为青石铺砌。乾隆在位60年，虽然工程不断，新建改建工程也很多，但紫禁城内建筑的总体布局仍然保持着明代初建时的格局，在继承明代宫殿建筑的基础上充实和发展，形成了今日紫禁城建筑之规模。

嘉庆开始，清朝国力日衰，清末更是内外交困，宫殿建筑多以岁修为主，只是在咸丰、光绪年间对内廷东西六宫的部分建筑进行了改建，此后再无大的工程，直至清末溥仪退位，清朝灭亡。

紫禁城宫殿是明代创建的中国历史上最后一座封建王城，集历代宫殿建筑之大成，是中国古代宫殿建筑的典范。

二、紫禁城总体布局

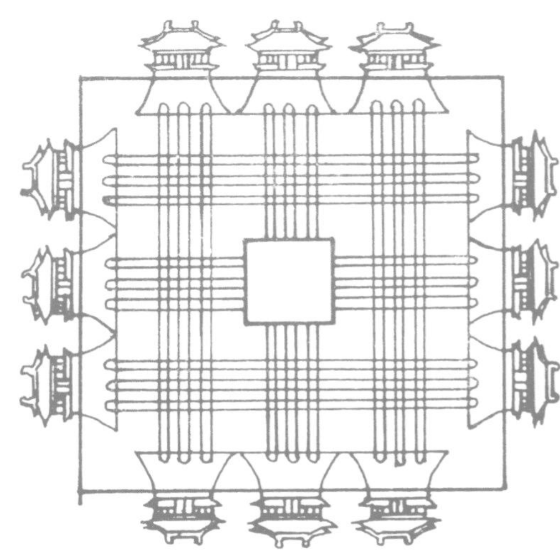

图2-1 宋·聂崇义《三礼图集注·王城图》

图2-2 北京城中轴线示意图

北京城分内城、外城两部分。内城是明永乐年营建；外城在内城南，明代嘉靖年添建。内、外城依一条主轴线南北贯通，形成了明代京城南北长达8公里的中轴线。

历代建都都有一定规制，尤以尊礼为崇，“王者必居天下之中，礼也”。“中”为最尊贵的方位。“择天下之中而立国，择国之中而立宫”（《吕氏春秋·慎势篇》），就成为历代帝王规划都城时遵循的原则。《周礼·考工记·匠人营国》记载：“匠人营国，方九里，旁三门，国中九经九纬，经涂九轨，左祖右社，面朝后市……”，这左、右、面、后都是相对帝王居住的宫城而言，宫城则位于都城的中心。择中思想十分突出。北京紫禁城位于北京城的中心，正是遵从了这一思想而规划实施的结果。

以宫城为中心南北延伸，即以紫禁城为中心向南至永定门4600米，向北至钟楼北侧城墙3000米，构成了北京城长达8公里的南北中轴线。南半部从紫禁城正南门午门向南依次建有端门、天安门、外金水桥、千步廊、大明门（大清门），至内城正南门正阳门，形成了一条长1500米的天街，沿着南部轴线的两侧，在宫城南分别设置了祭祖的太庙和祭五谷的社稷坛；在天安门外千步廊两侧，设置了各部、院办公的衙署；在正阳门外和永定门之间轴线的东侧建祭天建筑天坛，西侧设祭祀先农的先农坛等坛庙建筑。这些坛庙衙署与中轴线组成了

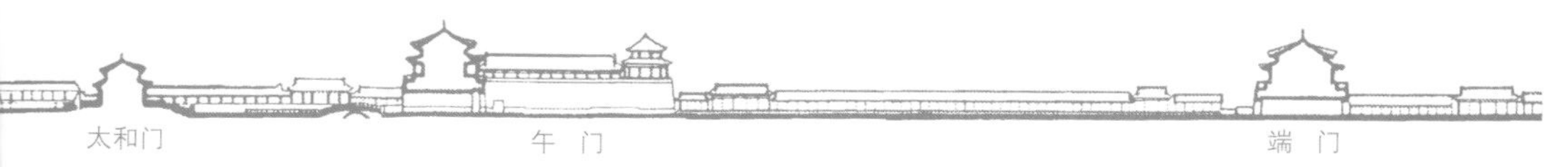

宫前区极有特色的空间序列，王权的神圣在都城规划中得以充分表现。

紫禁城是北京城的核心，是帝王朝政及皇室居住生活的宫殿。就帝王住宅而言，除了择中而立外，还要满足各种使用的需要，对所处环境、建筑规模、建筑体制更有极高的标准和艺术上的完善。紫禁城是在元朝大内的基础上平地建造，为了追求好的风水环境，将宫城四周开挖护城河的土运至宫城北侧，堆砌成山，又引护城河水入紫禁城，从南侧流过，形成了背山面水的最佳效果。

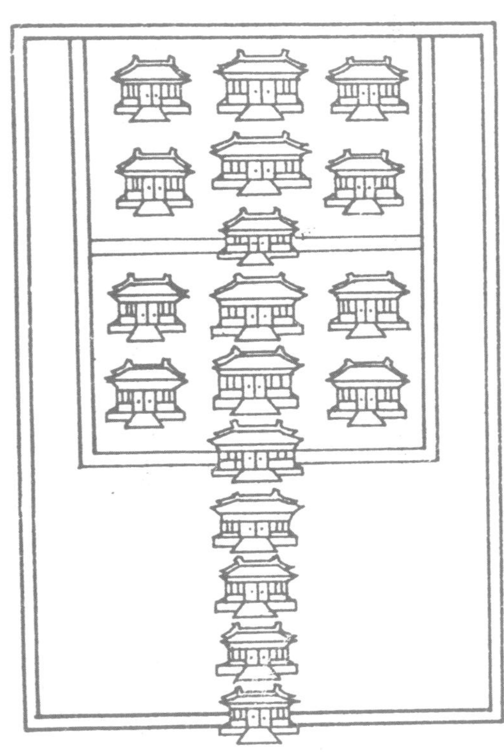

图2-3 宋·聂崇义《三礼图集注·周宫寝图》

具体事物 \ 五行类别	木	火	土	金	水
方位	东	南	中	西	北
五气	风	暑	湿	燥	寒
生化过程	生	大	化	收	藏
五志	怒	喜	思	爱	恐
五音	角	徵	宫	商	羽
五色	青	赤	黄	白	黑

图2-4a 五行与五类关系对照表

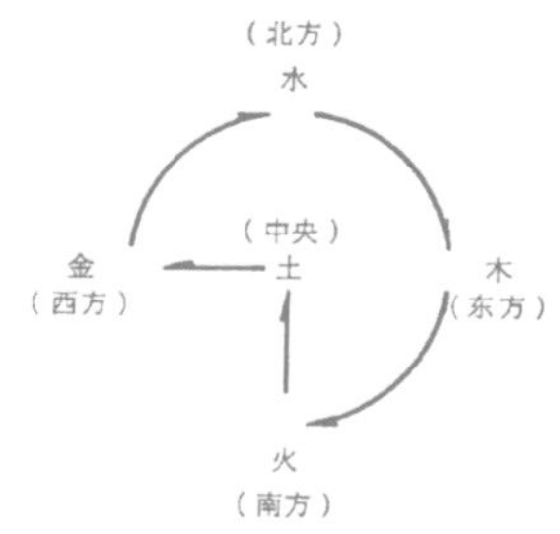

图2-4b 五行相生示意图

紫禁城占地72万平方米，城高9米，外有52米宽的护城河环绕，总体布局以轴线为主，左右对称。建筑分布根据朝政活动和日常起居的需要，分为南北两部分，以保和殿后至乾清宫前之间的横向广庭分隔内外，形成了宫殿建筑外朝内廷的布局。南半部为外朝，占紫禁城中轴线南侧三分之二部分，以太和殿、中和殿、保和殿为中心的三大殿，建在位于土字形的3层汉白玉石台基之上，以廊、庑、门、阁、楼等合围成宽广开阔的庭院；三大殿左侧设文华殿，右设武英殿，成左辅右弼横向排列。外朝建筑多雄伟宏大，为皇帝举行重大典礼和朝廷处理政务的地方。

北半部为内廷区域，以皇帝、皇后居住的乾清宫、交泰殿、坤宁宫为中心，左右有供嫔妃居住的东西六宫，皇子居住的乾清宫东西五所，供皇太后居住的慈宁宫、寿康宫、寿安宫则分布在西部，太上皇宫殿建在东部。另有花园、戏台、藏书楼等文化娱乐、游憩及服务等设施。内廷建设布局严谨、封闭，建筑形式多样，装饰华丽，体现了皇家建筑的豪华与气派，是皇帝处理日常政务、生活起居和皇室生活、娱乐的主要场所。

总体布局以尊礼为崇，单体建筑也同样受“礼”的制约和影响。自汉代独尊儒术，儒家学说的中心思想“礼”就成为人们一切行为的最高准则，即孔子所说：“动之不以礼，未善也。”规范人们的吃、穿、住、行都要以礼为准绳，“礼”所反映的就是等级制度。规范（规划）建筑规模、建筑形制，即根据使用的需要，制订出不同的建筑等级，以确定建筑的体量、规模、形式，甚至色彩和装饰。依“礼制”设计出来的宫殿建筑，规范、严谨、封闭，天子居住的宫殿以多、太（大）、高、文为贵的思想，在紫禁城建筑中表现得淋漓尽致；同时，少、小、矮、平的不同建筑形式与之形成了鲜明的等级差别，体现了紫禁城宫殿建筑多样性的统一。因此可以说，“礼”，是紫禁城建筑总体设计思想的理论基础。

此外，中国传统的阴阳五行在中国人的生活中曾经运用得非常广泛，建筑也不例外，对宫殿建筑规划设计也有着重要影响。对建筑的影响，主要体现在方位的选定、环境的处理上，其运用手法含蓄、隐秘，但寓意深刻、内涵丰富。

五行的金木土水火与阴阳是相辅相成的，与五行相对应的五大类内容也很广，相互对应。例如，土的方位为中，位居紫禁城中心的三大殿的台基即为土字形，喻王者居中统摄天下；木属东方，色彩为绿，表示生长，因此将太子居住和使用的宫殿建在紫禁城内的东侧，屋顶也用绿色琉璃瓦装饰；火属南方，色彩为红，南门午门色彩装饰都以红色调为主；水的方位在北，在最北部供奉玄天大帝的钦安殿，殿后正中有一块栏板为双龙水纹，表示北主水，装饰奇特，手法含蓄；金属西方，属秋季，生化过程为收，因此将太后们居住的宫室安排在紫禁城的西部。紫禁城中建筑色彩以红黄色为主，黄色为帝王专用色彩，火色红，为土之母，紫禁城中大面积的红墙黄瓦，表示事业旺盛、经久不衰。

紫禁城建筑所体现出的“礼”的影响和阴阳五行的运用，是紫禁城建筑设计思想的理论基础和基本依据，所体现的丰富的文化内涵，正是中国古代建筑与文化融合的特色的所在。

紫禁城宫殿是一个庞大的建筑群体，群体的形成源于数的积累。中国古代建筑以“间”作为基本计算单位；数间的积累成为“座”，数座单体建筑根据需要组合成为“院”。“院”作为群体建筑的基本单位，“院”的多少、大小，也就决定了建筑群体的规模。中国古代文献中留下来的有关规划设计的内容非常少。宋代《营造法式》和清代《工部工程做法》仅仅是对于单体建筑的设计方面的规范，没有明代任何关于宫殿规划的记载。但是可以相信，既然宋代已有了关于建筑的模数化的定制，那么在总体规划上一定会有一个为之遵循的模式。应该是依据一个规范的合理的比例关系来安排，组合这样一个庞大的宫殿建筑群。傅熹年先生在其“关于宫殿坛庙等大建筑群总体规划手法的初步探讨”中曾详细分析了故宫规划设计中数的运用及其合理性、准确性，以现代科学的方法去探讨、认识古代建筑设计的奥秘，寻找出一套行之有效的手法，是非常必要的。

紫禁城是一座承上启下的大型宫殿建筑群，对她不断深入探索，必定会有所收获，必定会对前人的成果有更深入的认识。

三、紫禁城的防御与禁卫

图3-1
铺砌一新的护城河河床
环绕紫禁城外的护城河，河水自西北流入，从东南方流出至御河。清代河中曾植莲藕，供宫中用，余者卖出，所得银两存奉宸苑备用。

紫禁城是“天子”居住的“紫微禁地”，历来统治者对紫禁城的安全保卫是极为重视的。紫禁城的城池布局即具有防御功能。城墙高9米，顶面宽6.66米，底面宽8. 62米，外以城砖包砌，顶部外侧筑堞，是禁军防守的垛口。城垣四隅建有角楼，是作为瞭望警戒的城防设施，建筑在墩台之上的四座门楼高耸威严，尤以午门最为壮观。墩台内侧各有马道直达城台顶面，有道路相通，便于防卫联络。城墙外围，明代建有守卫值房，称红铺。明万历年间，有红铺四十座，每铺守军十名，昼夜看守，每夜起更时分传铃巡警，自阙右门第一铺发铃，守军提一铃摇至第二铺，相继传递，经西华门、玄武门、东华门，至阙左门第一铺环行一周，次日将铃交于阙右门第一铺收存，每夜如此，是为明代宫禁守卫制度。

清代在紫禁城外侧东西北三面建有守卫值房700多间，设朱车（满语“警卫值宿之

图3-2 护城河、角楼/上图

城墙四隅之上的角楼，建于明永乐十八年(1420年)。通高27米，四面各三间；明间出抱厦，三交六椀菱花隔扇门窗，饰青绿旋子彩画；屋顶三重檐多角形，上层十字相交脊歇山顶，正中放置镏金宝顶，结构特殊，造型优美，色彩绚丽，是紫禁城建筑中的精品。晴空丽日，阳光照射下熠熠生辉，优美的轮廓倒映在如平镜般的护城河面上，恍若琼楼玉宇。角楼作为中国古代建筑的经典代表之作，受到世人的赞美。

图3-3 午门/下图

紫禁城南面正门，建于明永乐十八年(1420年)，清顺治三年(1646年)重修。平面呈凹字形，有正门三，掖门二，为明三暗五形式。午门正楼面阔九间，进深共五间，重檐庑殿顶，连墩台通高37.95米。两侧有钟、鼓亭各三间，南折出两观，建有庑廊十三间，两端各建有重檐四角攒尖顶崇楼一座，与正楼合称“五凤楼”。左右接城墙，内侧设马道供上下。阙门向南形成9900余平方米广场。其中门唯皇帝出入，大婚礼皇后由此门入，殿试状元及第由此门出；宗室王公出入东西两门；文武官员出入左右掖门。门禁森严，不得逾越。午门不仅是紫禁城等级最高、体积最大，最为宏伟壮观的一座城门，也是中国古代建筑门阙合一形式的完美体现和留存的唯一例证。

图3-4 南望午门/上图

图3-5 马道/下图
通上城墙的坡道。位于城门内两侧，一般砌成礓礤式，便于车马登城。

所”）栅栏28处，由下五旗官兵轮流值守，是紫禁城外一道坚固的防线。环紫禁城值房之外，开挖的一条宽52米的护城河，两侧驳岸条石垒砌，深达6米，陡直坚固，构成了又一道难以逾越的防线。紫禁城防御设施堪称完备严密，坚莫能摧。

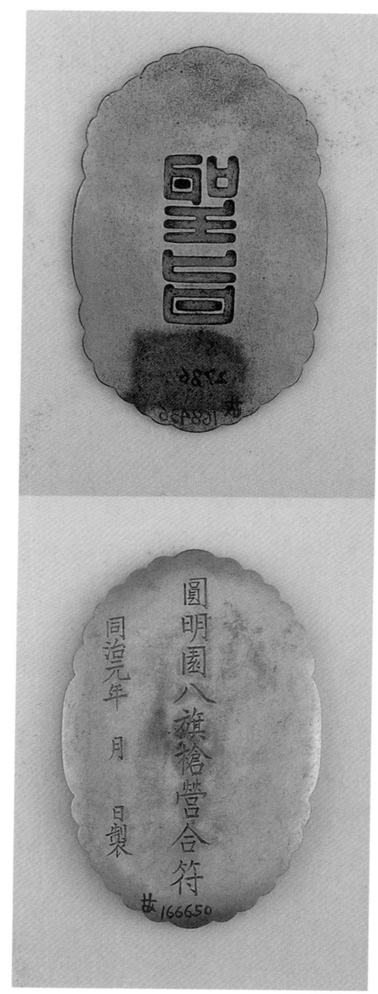

图3-6 合符
夜间出入须持此符，验证后方可通行。

紫禁城内的禁卫由侍卫处、护军营、神机营及内务府包衣各营承担，分别守卫各宫门，稽查及警卫内廷。其中侍卫处的侍卫均出自上三旗中才武出众的子弟，组成亲军营，人数在1300人左右，是皇帝最为信赖的精锐的警卫部队。各处警卫按班值宿，昼夜巡逻，夜则传筹。传筹分外朝内廷两路，内廷每夜自景运门发筹西行过乾清门，出隆宗门北行，过启祥门，再西过凝华门北转至西北隅，再东行过顺贞门、吉祥门至东北隅，南转过苍震门，南而西转仍回到景运门。凡十二汛为一周，每夜发八筹。外朝自隆宗门发筹东行，出景运门向南，经左翼门至协和门，进门而北行，过昭德门，西过贞度门，再南行出熙和门，北经右翼门，回到隆中门，八汛为一周，传筹五。太和殿院内一路，自中左门发筹，经过东大库，西大库中右门，乃至中左门，四汛为一周，传筹三。

图3-7 腰牌

进入紫禁城要出示腰牌，查验身份无误，方可放行。腰牌为木质，每三年更换一次。

禁廷各门天明开启，日落关门上锁。凡夜间出入须持合符比验相符，方能启门。

清朝门禁不如明朝严明，大小官员可至宫门递折请训，但出入门禁也有严格制度。凡王公大臣上朝，至东西华门外下马碑处下马。王公百官进入紫禁城所带随从人员有严格限制。官员出入，各行其门，并开写职名查验，如查不符，即行究办。

每年宫内使用杂役、工匠人等为数众多，每日进出，以腰牌为凭，查验放行。

四、朝政建筑——三大殿

图4–1 太和门广场
位于午门内、太和门前，由太和门及两侧的昭德门、贞度门、崇楼和东西庑房围成，占地26000平方米。内金水河成弓形由西向东穿流而过，五座石桥横亘于上，石栏雕砌，蔚为壮观。广场正中为外朝正门太和门，清代顺治皇帝在这里颁诏即位，开始了清代268年的统治。

外朝的前三殿，即位于中轴线上的太和殿、中和殿、保和殿，俗称三大殿，是紫禁城建筑的中心。三殿院落是以四角崇楼、左体仁阁、右弘义阁、前后九座宫门以及周围廊庑，共同构成的占地约80000平方米的紫禁城内最大的庭院。由于前三殿位于中央，在五行上属土，依五行木克土之说，院中无一棵树木，庭院显得宽广开阔。位于庭院中央的3层汉白玉石台基，平面也似土字形，三大殿位于其上，以示王者必居其中。

三大殿的正门太和门，是外朝的大门，明代这里是皇帝御门听政的地方。门外为太和门广场，广场的中部有内金水河自西而东流过，门内即太和殿庭院。太和殿的东西两侧设卡墙连接中右门、中左门，分隔出南北两院。南院主体建筑即太和殿，其两厢为体仁、弘义两

图4-2 太和门

位于太和殿前，是紫禁城外朝的正门。始建于明代永乐十八年（1420年），初名奉天门，嘉靖十四年改称皇极门；清顺治二年始称太和门，现建筑为清光绪十五年重建。太和门坐落在高3米的汉白玉须弥座台基之上，面阔九间，进深五间，重檐歇山顶，通高23.8米，是紫禁城中等级形制最高的殿宇式宫门。明代皇帝每日在这里早朝，称“御门听政”。清代御门听政移置内廷乾清门，这里平日常闭不开，犹如太和殿前的一道序幕，唯遇大朝典礼方启，是为百官朝贺的必经之地。

阁，与南面的太和门围成一个四合院前院；后院保和殿两侧各设卡墙连接后左门、后右门，与东西两庑组成四合院的后院。庭院中央设置巨大的三台，三大殿高居于三台之上，建筑形式各具特色，高低起伏的布局形式，形成庄严、宏伟的气氛。

前三殿范围共有建筑26座，按建筑等级的不同，屋顶形式、台基高度、彩绘装饰、御路阶级，以及门窗的装修形式都不尽相同，等级制度十分严明。前三殿作为紫禁城的主体建筑，其建筑形制保留了更多的古制。如保存了自夏商以来即已有的庭院形式，最高建筑形式太和殿的重檐庑殿顶；模仿周代明堂形制的四面各显三间的方形中和殿；继承辽金时代减柱造，从而扩大了室内空间的保和殿；盛行于唐而没于宋的四隅崇楼之制，亦在前三殿再观。这些不同时代的古制集于前三殿且融为一体，得益于设计者的高超的设计水平和对古代建筑制度、建筑内涵的深刻理解。

图4-3 太和门前铜狮
太和门前的铜狮为明代遗物，青铜铸造，工艺精巧。铜狮高3.14米，连石座通高4.36米，一雄一雌列于太和门前左右，威武雄壮，使太和门前增添了威严的气氛。

图4-4 三大殿鸟瞰

太和殿、中和殿、保和殿，高踞于巨大的3层汉白玉台基之上。台基位于紫禁城的中心，以五行之位，中央属戊己土，平面设计为土字形，喻意王者必居其中。三台中心高8.13米，台边高7.12米，面积达25000平方米。每层台都用汉白玉石砌出须弥座，四周围以栏板、望柱，望柱头上雕刻有云龙、云凤纹饰，为台基中等级最高形式。每根望柱下地袱的外侧都装有"螭首"，为排水出口，三台上共有螭首一千余个，每当两季，雨水从三台螭首口中排出，层层跌落，十分壮观。三殿之中太和殿在前，中和殿、保和殿依次于后，平面变化、屋顶各异、高低错落，在三台的衬托下，更显现出皇家建筑的豪华气派、富丽堂皇。三大殿是位于外朝用于朝政的重要建筑，以其显赫地位和威严气势，成为紫禁城宫殿建筑的中心。

太和殿，人们又称它为金銮宝殿，重檐庑殿顶，通高37.44米，面积达2377平方米，不仅是紫禁城内最大的殿堂，也是中国现存古建筑中面积最大的一座。3层台基之上的这座高大的殿堂，明清两代都是帝王举行登基大典的地方。殿内的金銮宝座，是帝王权力的象征，代表了统治者的至高无上。

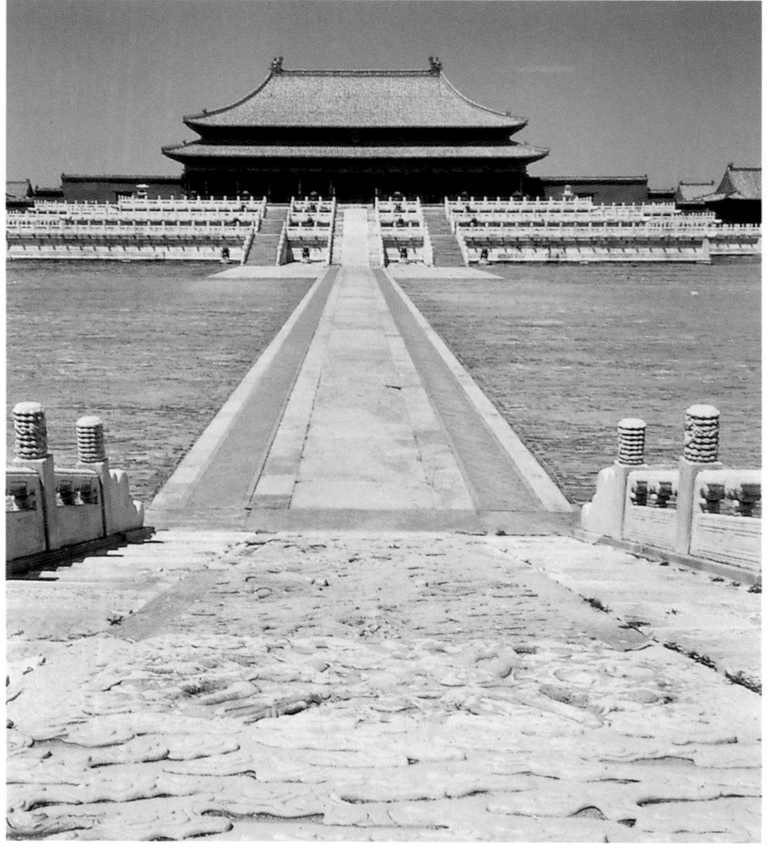

图4-5 太和殿

俗称“金銮殿”，始建于明代永乐十八年（1420年），原名“奉天殿”，建成后曾屡遭焚毁。嘉靖四十九年（1570年）重建后改称“皇极殿”。清代顺治二年（1645年）改称“太和殿”，康熙三十四年（1695年）重建。

太和殿面阔十一间，63.96米，进深五间，37.17米，建筑面积2377平方米，重檐庑殿顶连三台通高37.44米。殿前檐七间装隔扇门，两梢间装槛窗，后檐明次三间安隔扇门，其余为砖墙。隔扇心为三交六椀菱花，绦环、裙板雕刻蟠龙，为防止隔扇边挺、抹头接榫处走闪，以镏金面页固定，装饰极为华丽，称为金扉金琐窗。檐下斗栱，上层檐单翘三昂九踩溜金斗栱，下层单翘重昂七踩溜金斗栱，为斗栱中等级最高的形制。檐角走兽十个，为屋脊装饰等级最高之孤例。其建筑规模、装饰等级均为现有古建筑之首。

太和殿前广场，中央为巨石铺墁的御路，两侧为青砖铺墁的庭院，院中分别嵌有一列“仪仗墩”石，别无其他点缀，显得宽阔而平坦。每逢朝会大典，仪仗队按仪仗墩排列齐整；各级官员按品级站位，不得逾越；执事官员各司其职，各就各位，秩序井然，场面宏大，十分壮观。

太和殿是明清两代皇帝举行最隆重典礼的地方，每年三大节，即元旦、冬至、万寿节，都在太和殿举行隆重庆贺仪式；凡是皇帝登基、常朝、宴饷、命将出师、新授官员谢恩等仪式也都在这里举行。

图4-6 太和殿内景

殿内六根蟠龙金柱排列左右，围出宝座空间，宝座上方置蟠龙藻井，雕刻极为精美。殿内金龙和玺彩画，线条多成弧形，手法细腻，色彩鲜艳，装饰考究，呈现出皇家建筑金碧辉煌，豪华富丽的气派。

殿内正中设宝座台，台高七阶，髹金宝座置其正中，为须弥座形式，椅背由三条蟠龙构成。宝座后有雕龙髹金屏风，前有香筒、甪端，远观近看都不失稳重而华丽。宝座台前设香炉，典礼时炉内放檀香，燃烧香烟缭绕殿内，以增加庄严肃穆的气氛。

图4-7 光绪大婚图/上图

光绪皇帝名载湉，为慈禧太后亲妹之子，5岁时在太和殿即位，亲政前在毓庆宫读书，十三年（1887年）亲政，十五年大婚。此图为大婚时太和殿前的隆重场面。画中仪仗队秩序井然，王公大臣各就各位，大红双喜字装饰殿前，彩绸高悬，祥云缭绕，呈现出帝王之家婚庆大典时华贵、祥和、喜庆的气氛。

图4-8 御路大石雕/下图

是由一块长16.57米、宽3.07米、厚1.7米，重约200吨的完整的艾叶青石雕刻而成，其石质柔韧，取材巨大，是难得的石材佳品。石雕周边浅刻卷草图案，下端海水江涯，祥云飘浮其上，衬托着蟠龙升腾。龙为九条，三条一组，各有升，升而有节；有降，降而有制；有坐，坐而端庄；分而不乱，上下相融，神态自然，雄健生动。近看纤柔细腻，远观雄伟浑厚，雕凿之精，用材之大，可谓古建筑石雕中之瑰宝。

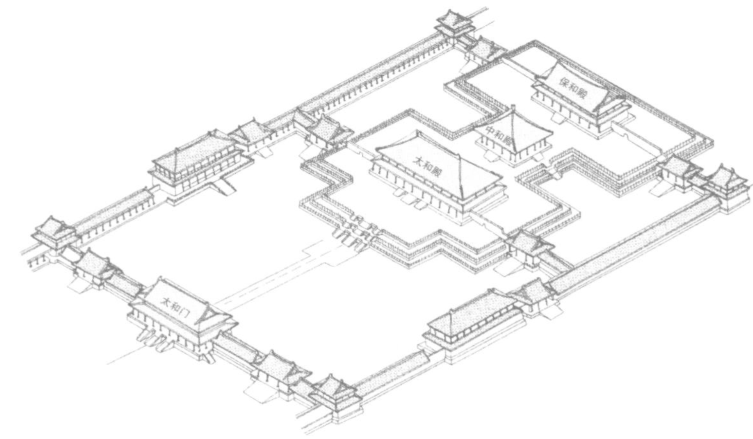

保和殿
中和殿
太和殿
太和门
0 10 20 30m

图4-9 三大殿平面图和轴测图

图4-10a,b 太和殿侧剖面图和平面图

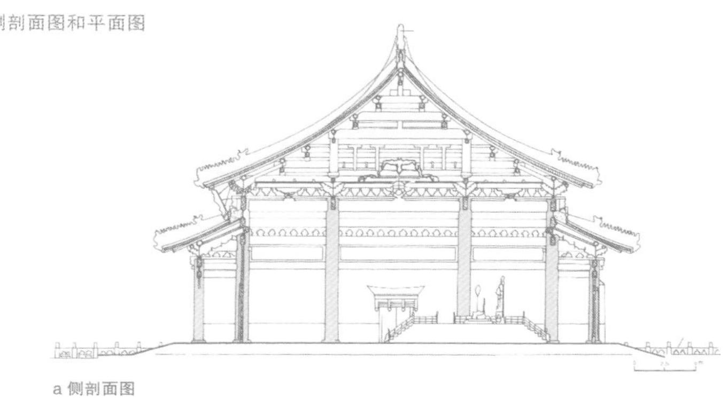

a 侧剖面图

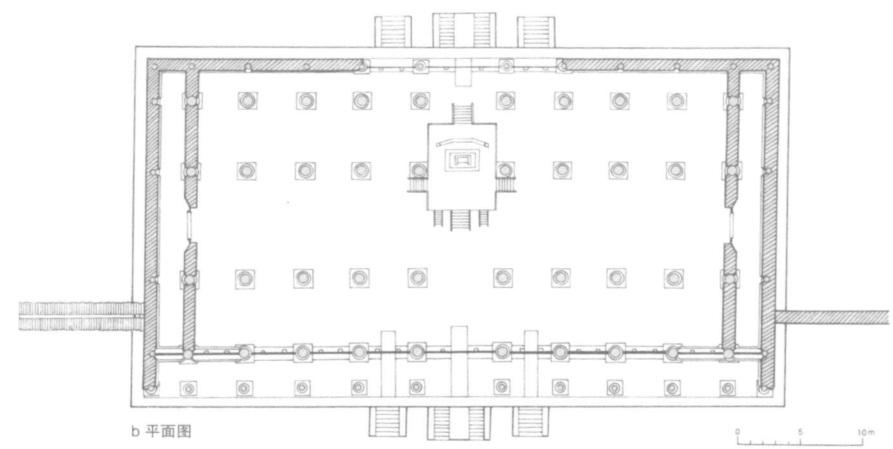

b 平面图

图4-11 太和殿正立面图

前三殿排水系统奇巧。大雨来时，雨水顺三台逐层跌落，流入院中，与院中雨水顺庭院中间高、两边低的地势分别向东南、西南流去。在庭院南端，沿贞度门、太和门、昭德门北侧，设有一道东西向排水暗沟，自西向东从30厘米左右逐渐加深至1米有余，上覆凹形水槽，石板沟盖，承接院中的雨水，再顺沟眼流入暗沟，水自暗沟顺势而东，汇于东南角崇楼下流出，注入金水河。大雨过后，32000多平方米的太和殿院广场不会留下积水。东南角排水涵洞是宫中最大的排水口，被明清两代帝王视为祭祀中溜之处，有在太和殿祭中溜之举。

五、帝后寝宫

外朝以北，乾清宫以北都是内廷的范围。明代建成的乾清宫、坤宁宫是内廷的主体建筑，位于紫禁城的中轴线上，是专供皇帝和皇后居住的宫殿，又称为寝宫。乾清宫为内廷正宫，明代自永乐皇帝朱棣至崇祯皇帝朱由检，共有14位皇帝在此居住过，建筑规模为内廷之首。宫殿高大，空间过敞，供人居住时就要分隔成小室。据记载，明代乾清宫有暖阁九间，有上下楼，共置床27张，皇帝可以随意入寝。由于间多床多，皇帝每晚就寝之处很少有人知道，以防不测。虽然居住在迷楼式的宫殿内，且防范森严，但皇帝仍不敢高枕无忧。据记载，嘉靖年间，宫女们因不堪忍受欺压，决定置世宗朱厚熜于死地。一次趁朱厚熜熟睡之时，杨金英等十多人，将朱厚熜按住四肢，用绳子勒其颈部，因误将绳子栓成死结，虽致朱厚熜奄奄一息，却未能将其勒死，被皇后及时赶到救下。宫女十几人被处死，世宗从此后移

图5-1 乾清门广场
外朝与内廷的分界线。乾清门是通往紫禁城内廷的大门。

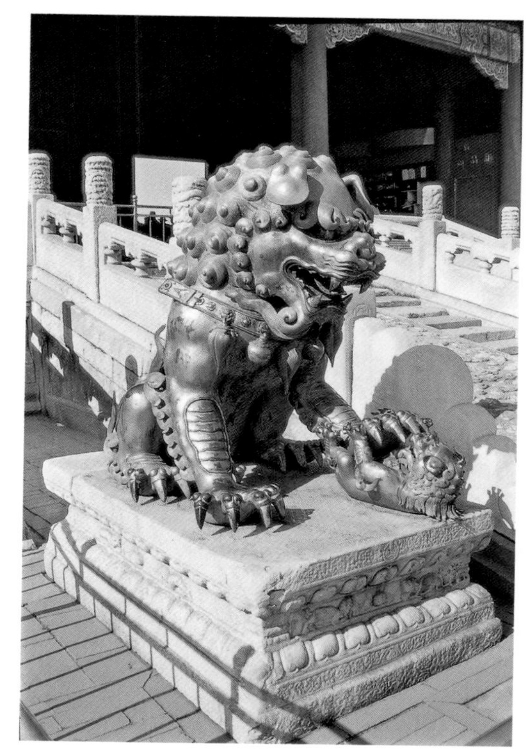

图5–2 乾清门前镏金铜狮

居西苑，不敢再回乾清宫居住。乾清宫明代也曾作为皇帝守丧之处，有时也在此召见臣工。

明代皇后居住在坤宁宫，皇后主内廷统摄六宫。坤宁宫为内廷的中宫，建筑规模也在六宫之上。明嘉靖年间，乾清宫、坤宁宫之间又添了一座方形小殿，内设皇后宝座，为皇后所用，称交泰殿，统称为后三宫。

图5-3 乾清宫

紫禁城内廷的重要建筑之一，是明清两代内廷建筑的核心，作为皇帝专用的殿宇，国家很多重要决策都是在这里作出的。始建于明永乐十八年（1420年），明正德、万历两次重建；清嘉庆二年毁于火灾，三年（1798年）重建。殿连廊面阔九间，进深五间，建筑面积1420平方米，重檐庑殿顶，饰金龙和玺彩画。明间设宝座，宝座上方是正大光明匾，秘密建储匣曾藏于匾后。两侧梢间各设书格，收贮实录和圣训。两进间为穿堂可通坤宁宫。殿前高台甬路与乾清门相连。乾清宫在明代为皇帝寝宫，清代自雍正皇帝移居养心殿后，这里就作为皇帝召见臣工、批阅奏章、处理政务和举行内廷筵宴的场所。

清代虽然乾清、坤宁两宫从名义上还是作为帝后的寝宫，但是清初顺治、康熙皇帝最初都没有在乾清宫居住。如顺治皇帝福临在外朝的保和殿居住了多年，直至顺治十三年（1656年）才和皇后移居到乾清宫和坤宁宫居住。康熙皇帝玄烨自登基后也居住在保和殿，康熙四年（1665年）大婚在内廷坤宁宫举行，以后仍回保和殿居住；康熙八年（1669年）奉皇太后懿旨移居内廷居住，以乾清宫作为皇帝的寝宫。清雍正帝即位时，大行皇帝梓宫奉安在乾清宫，这里曾作为祭奠之处。雍正皇帝胤禛在乾清宫西南侧的养心殿内守丧。此后，清雍正帝就将养心殿作为清代皇帝的寝宫，一直到溥仪出宫，清代有八位皇帝先后居住在这里。

养心殿明代嘉靖年建成，位于乾清宫外西侧，清初顺治皇帝病逝于此地。康熙年间，这里曾经作为宫中造办处的作坊，专门制作宫廷御用物品。雍正皇帝居住养心殿后，造办处

图5–4 乾清宫内景

图5-5 交泰殿
内廷后三宫之一，位于乾清宫与坤宁宫之间。“交泰”，喻乾坤交感，帝后和睦，国家得以治理。记录了明清时期皇后在此生活的痕迹。明嘉靖年建，清嘉庆二年（1797年）重建。殿为方形，四面各三间，单檐四角攒尖顶，铜镀金宝顶，三交六椀菱隔扇门窗，凤纹彩绘华丽端庄。

的各作坊逐渐迁出内廷，至乾隆初加以改造、添建，成为一组集召见群臣、处理政务、皇帝读书、学习及居住为一体的多功能建筑群。以工字殿为中心，前殿为处理政务的场所，召见大臣、商议国事等都在这里，皇帝的宝座设在前殿明间正中，东次间设宝座向西，这里曾经是慈禧、慈安两太后垂帘听政处。西次间隔出数室，有皇帝批阅奏折、与大臣密谈的地方。乾隆皇帝的读书处有三希堂，还有小佛堂；梅坞是指皇帝供佛、休息的地方。养心殿的后殿是皇帝的寝宫，共有五间：东西梢间为寝室，各设有床，皇帝可随意居住。后殿两侧各有耳房五间，东五间为皇后随居之处，西五间为贵妃等人居住。当年两宫皇太后垂帘听政时，慈安居住在东侧，称“体顺堂”；慈禧居住在西侧，称“燕禧堂”，随时登临前堂，处理政务，确是十分方便。寝宫两侧各设有围房十余间，房间矮小，陈设简单，是供妃嫔等人随侍时临时居住的地方。

图5-6 坤宁宫/上图

图5-7 坤宁宫东暖阁——皇帝大婚的洞房/下图

皇后是要随皇帝居住的，清初，坤宁宫没有住人。顺治十二年，在重修后三宫时，仿盛京皇宫的清宁宫，对坤宁宫明间、东西次间、梢间作了较大的改动，将明间正门移到东次间，改为板门，其他几间撤去菱花隔扇门，改为直棂吊窗。室内西三间改为满族萨满教祭神的场所，内设神龛、供案、置办祭品的煮肉大锅等；东两间隔出作为暖阁，供人居住。顺治和康熙回内廷居住后，皇后也回到坤宁宫居住，居住环境与在盛京时相仿。随着雍正皇帝移居养心殿后，皇后也移出坤宁宫，选择东西六宫中的某一宫作为宫室。

图5-8 养心殿匾额

图5-9 养心殿——清代皇帝的寝宫

从清代雍正皇帝开始，乾清宫和坤宁宫不再是帝后居住的寝宫，乾清宫作为皇帝日常处理政务、召见大臣、常朝和宴筵、接待宾客的重要场所，一些日常办事机构，包括皇子读书的地方都迁入乾清宫周围的庑房，其使用功能大大加强。坤宁宫作为宫中祭萨满神的主要场所，而两间暖阁就成为帝后结婚的喜房，康熙、同治、光绪三位皇帝在此举行过大婚；逊帝溥仪的大婚也是在这里举行的。大婚在这里居住三天后，皇后回到自己的宫院，这里仍恢复平静。坤宁宫前的交泰殿，放置清朝御用的二十五方宝玺，殿内仍设皇后宝座，康熙皇帝御书“无为”匾悬于殿内，清世祖为提醒后妃干预政事所立的“内宫不许干预政事”的铁牌曾放在此殿。这里还是皇后千秋节（生日）受庆贺礼的地方；每年春季祀先蚕，还要先一日在此查阅采桑的用具。殿内的铜壶滴漏和大自鸣钟都是宫中专用报时器，钟声远传可达乾清门。交泰殿和坤宁宫作为内廷的中宫，建筑装饰富丽而考究，坤宁宫两侧黄绿琉璃相间的槛墙、交泰殿的龙凤纹裙板和龙凤彩画图案的出现，都显示出皇后生活过的痕迹。

紧临后三宫的东西两侧，有12座方正规矩的院落，这里就是供妃嫔们居住的东西六宫。六宫之制自周代就开始确立，有“以阴礼教六宫”的记载，妇人们称寝叫宫，因此六宫也就统指后妃们居住的地方。东西六宫占地30000多平方米，由纵横相交的街巷分隔，构成了条条街巷、座座门墙相通又相隔的布局规整而又严谨封闭的空间。明代妃嫔们都居住在这里。清代规定：皇后居中宫，主内治；皇贵妃、贵妃、妃、嫔，分居12宫，辅助皇后内治；另设贵人、常在、答应，数额不限，随妃、嫔等人分居12宫，于宫中勤修内职。清代雍正帝移居养心殿后，皇后也择选东西六宫的某一宫居住。乾隆六年，皇帝为后妃居住的宫室写了11面匾，加上永寿宫原有的一面，共12面，分别悬挂于12宫，并规定，自挂之后，至千万

图5-10 养心殿东暖阁“垂帘听政”处/对面页

图5-11 吉祥门

养心殿后院东侧小门。出此门即可至后妃居住的西六宫。

图5-12 东西六宫的巷道/上图

图5-13 储秀宫——内廷西六宫之一/下图

图5-14 储秀宫华丽的室内装修及陈设之一

年不可擅动，即或妃、嫔移住别宫，亦不可带往更换。匾的内容为“仪昭淑慎”、“赞德宫闱”、“敬修内则”等，告诫皇后要以道德来统率众妃嫔，后妃之间要和睦相处，要恪守仁义道德，不要忘记妇道本分。当年康熙皇帝的生母佟佳氏曾居住在景仁宫，雍正皇帝的生母乌雅氏居住过永和宫。清代咸丰年间，慈禧初进宫时住在西六宫之一的储秀宫，封兰贵人，因生子载淳即以后的同治皇帝，母以子贵，封为懿贵妃。当朝皇帝去世后所属后妃等人则要迁出东西六宫到太后宫居住。慈禧摄政期间，仍以圣母皇太后的身份住在储秀宫。当时母后皇太后慈安居住在东六宫之一的钟粹宫，以居

图5-15 储秀宫华丽的室内装修及陈设之二

住的位置，称慈禧为西太后，慈安为东太后。慈安从咸丰二年（1852年）进宫封贞嫔即在钟粹宫居住，咸丰十年册立为皇后，同治元年作为皇太后直至光绪七年（1881年）卒，在钟粹宫居住30年。慈禧在储秀宫前后一共居住了四十余年，光绪十年（1884年）为慈禧太后50寿辰，耗银63万两修缮改建，使其成为内廷东西六宫中最为华丽和实用的宫院，其装修、陈设都为六宫之首，留下了大量的宫廷史迹，成为晚清宫廷生活的代表。

六、特殊的居住宫室

紫禁城内除了帝王朝政和帝后、妃嫔们居住的宫室外，还有几处专为皇太后、太上皇、太子建造的居住宫殿。

皇太后作为皇帝的母亲，或一同居住在宫中，或另辟宫室居住，在历史上都不乏有之。元代皇太后居住的隆福宫建在大内以外西北方向，与大内隔海相望。明代紫禁城建成后将太后宫安排在内廷东西两侧。清代顺治十年重修明代慈宁宫，作为皇太后宫。康熙年间又在外东路建宁寿宫，为皇太后居住。雍正、乾隆年间，又增设寿康宫、寿安宫、慈宁宫的后三宫、三所等几处宫院，为太后、太妃、嫔妃们等居住。其中慈宁宫为明代所建，正殿为单檐庑殿顶，清乾隆三十四年（1769年）重建时改为重檐歇山顶，规模居各宫之首，为皇太后的正宫，后殿供奉佛像，称大佛堂，是皇太后做佛事的场所。

图6-1 慈宁宫
初为明代嘉靖年建，为皇贵妃所居。清代作为皇太后的正宫。

图6-2 “慈宁燕喜”图（局部）

乾隆皇帝在慈宁宫为其母崇庆太后祝寿的隆重场面。此图描绘的慈宁宫为单檐庑殿顶，记载了乾隆三十四年（1769年）改建前的慈宁宫原状。

图6-3 皇极殿/上图

太上皇宫殿——宁寿宫的正殿。乾隆四十一年（1776年）建，制仿太和殿、乾清宫，为太上皇临朝受贺之殿。嘉庆元年（1796年）元旦，乾隆皇帝在太和殿亲授"皇帝之宝"于嘉庆皇帝后，曾于初四日在皇极殿设千叟宴；光绪二十年（1894年）慈禧太后60寿辰，在此行受贺礼；光绪三十年（1904年）慈禧太后70寿辰曾在此接受外国使臣祝贺。

图6-4 "乐寿堂"匾额/下图

太上皇居住的殿堂，亦称宁寿宫读书堂。乾隆三十七年（1772年）建。光绪年间，慈禧太后曾在此居住，以西暖阁为寝室。堂后檐明间陈放着《大禹治水玉山》一座，自乾隆时起即陈列于此。

太上皇宫是特定的历史条件下形成的一处特殊的建筑。历史上的太上皇帝为数甚少，明清两代曾经有24个皇帝在紫禁城居住，做了太上皇的却只有清代乾隆皇帝一人。乾隆三十五年（1770年），为履行自己在位不超过其祖父康熙六十一年的诺言，决定在宫中建立太上皇宫殿，作为自己退位后居住的地方。宫址选在外东路原皇太后居住的宁寿宫一区，于乾隆三十六年（1771年）动工，历时五年完成，仍称宁寿宫，占地约50000平方米，分前后两部分，前半部仿外朝三大殿和内廷后三宫，建有前殿皇极殿和后殿宁寿宫；后半部又分为左中右三部，中一路建有养性殿、乐寿堂、颐和轩等，作为起居之所。东一路建有畅音阁大戏台和佛楼等，西一路为花园。全组建筑规则有致，建筑精美，可以说是紫禁城建筑的缩影。乾隆六十年退位后，仍住在养心殿把持着朝政大权，直至嘉庆三年（1798年）去世，也未曾在宁寿宫居住过。倒是光绪年间，慈禧以皇太后的身份在宁寿宫的乐寿堂居住过一段时间。太上皇虽然只有一位，但太上皇的宫殿却始终依照乾隆之制，保持原貌。

紫禁城内明清两代都建有太子居住的宫室，《礼记·内则》载“父子皆异宫……”，指父子不在同一处居住。皇太子居住的宫室一般都设在东边，称为东宫。明代初建紫禁城时，皇子居住在乾东五所、乾西五所；皇太子曾居住在咸阳宫即东六宫的钟粹宫，后在文华殿东北建有太子居住的宫殿称端本宫。

清代乾隆做太子时居住在乾西二所，即位后升为崇华宫，乾东五所及毓庆宫为幼年皇子居住之所。也有例外的，咸丰帝幼年一直住在钟粹宫，17岁时才移出。乾隆十二年，在明代端本宫基础上建阿哥住所（“阿哥”，满语为“皇子”），称撷芳殿，也称南三所，是为清代的东宫。三所为左中右三座院落，每

图6-5 颐和轩前的花坛

图6-6 南三所

清朝乾隆年特为皇子们居住所建。

院落各有三座正殿及配殿、耳房等，共有房间270多间。三所位于紫禁城东部，以东为青，房屋建筑均为绿琉璃瓦顶，乾隆以后阿哥娶福晋（妻），也在三所举行仪式，并设筵款待来宾；来宾分男宾和女宾，另有大臣及侍卫等。在箭亭前设筵宴，款待男宾；女眷们则安排在三所大门内的东西厢房筵宴。阿哥婚娶也是宫中大事，热闹非常。阿哥婚后暂住宫中，另建府第后即移出宫中，结束在紫禁城内的生活。

三所也有祭神之处，称为神房，保持着满族家祭的传统风俗。皇子大婚后即移在三所居住，其中“中所”撷芳殿曾是嘉庆皇帝的潜邸。道光、咸丰两帝即位前都曾在此居住。

七、他坦、下房——太监、宫女们的住所

太监和宫女是皇家御用的家奴，他（她）们中的大多数生活在宫中最低层，备受轻视和奴役。

太监是失去性功能后在宫廷内侍奉皇族成员的男性奴仆，是一个备受摧残而又地位卑微的群体，是适应封建宫闱生活需要的一类特殊的人。太监入宫要经过严格的挑选，一旦送入宫中，就要终生为奴。

清代宫中使用太监最初没有定制，到乾隆初年始定太监人数不得超过3300人。他们当中大多数人充当着宫中的苦役、杂役，地位极其低下。这些太监多集中居住，清宫中将太监居住的地方称作“他坦”，满语即“窝铺”、“住处”，居住条件简陋。如果有幸分配到各宫侍奉帝、后、妃嫔等，就可以随宫居住在配

图7-1 “敬事房”匾

图7-2 总管值房

位于坤宁门内西侧的总管值房。

图7-3 宫女住耳房
宫女们居住过的耳房。

房或耳房，专司本宫的陈设、洒扫、承应、传取、坐更等事，生活、居住条件都会有所改变。由于侍奉的主人地位不同，干的差事不同，太监中也有等级之分。如果在宫中服役30年以上，且无任何过失，忠正老实者，可以入选各处的首领太监，负责各宫事务。首领太监挑选极为严格，当上首领太监，地位和俸禄都会提高，居住条件也会相应改变。

康熙年，宫中设立了专门管理太监的机构——宫殿监办事处，其机构设在乾清门内西侧南庑，称“敬事房”，圣祖康熙帝玄烨曾亲书“敬事房”匾挂于敬事房内。敬事房设总管、副总管、首领太监、笔帖式（秘书）等，均由太监充任，掌管宫中各处所用太监的甄别、调补，办理宫中的一切事务及礼仪，承办各衙门的来文等。其地位之崇，职权之大，俨然是皇帝的大管家。敬事房总管官职四品，每月食银八两，米八斛，另设总管值房，供其居住。清朝末年，大太监李莲英受慈禧皇太后的宠用，先后提拔为首领太监、副总管、总管，破格加赏二品顶戴，权倾一时。并在宫中独辟一院，作为他的居住之所，这种特殊的宠遇和地位，为众多太监所望尘莫及。

宫女是专供宫中女眷使用的奴仆，每年选一次，内务府所属管领下的旗民女子，年满13岁都可入选。入宫后即分配到后宫，上自皇太后、皇后，下至常在、答应，都可以使用宫女。不过所用人数多寡则要依照地位的高低，按制配给。如皇后位下10名；皇贵妃、贵妃位下8名；妃、嫔位下各6名；贵人位下4名；常

图7-4 太监住耳房

两座配殿之间加盖的耳房，也曾经做过太监们的住所。

在位下3名；答应位下2名。皇太后位下最多，可用至12名。宫女主要侍奉主人日常的起居生活，吃住都随各宫，住的是距离主人住房较近的配房或耳房，以便随唤随到。宫女们称自己住的房子叫“下房”，多是几人同居一室，一张连铺，间或墙上钉个架子，放些个人使用的物件或小箱之类的东西，居住条件也很简陋。

太监和宫女同是宫中的奴仆，地位差异较小，且接触最多。明代规定宫女入宫后永远不许出宫，因此有太监与宫女结为伉俪者，称为“对食”或“菜户”。清代对太监的管理十分严格，不许宫女与太监认亲戚；不许相互谈话和嬉笑喧哗；如果太监行路遇宫女时，要让宫女先走，不许争路。在各宫的首领、太监无事不许在主屋内久立或闲谈等。如果同在一个宫内侍奉同一位主人，太监多住在前院的配房，而宫女则住在后院，也要保持一定距离。

清朝规定，宫中所用女子，年满25岁即可遣还本家，任凭婚嫁。但在出宫以前，都要受到宫规的严格管理，其居住条件是不会改变的。

八、衙署、值房、府库

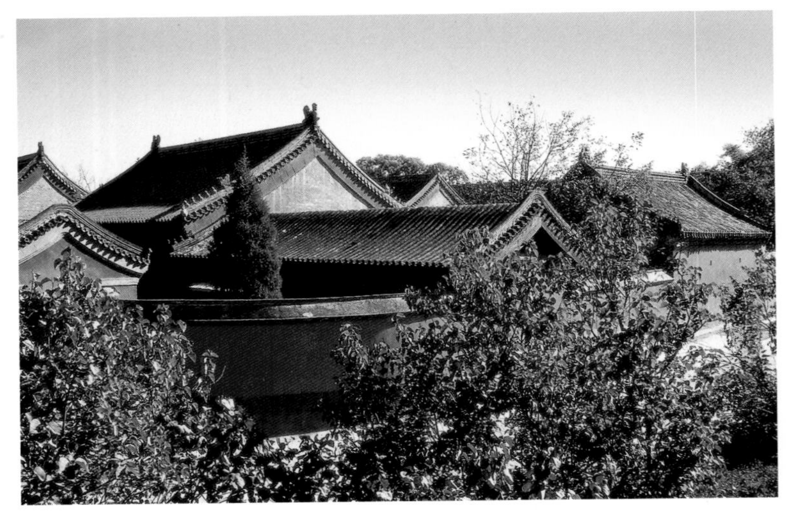

图8-1 内阁公署
位于外朝协和门东南的内阁公署。

皇帝身边有诸臣随侍，值守宫内。明代宫中设内阁公署为大学士值舍，在午门内东南隅，比较简陋，室内昏暗，白昼秉烛。不过皇帝对内阁老臣们还是偏爱的。一日，明宣宗从城墙上过，让太监看看内阁老臣们在干什么，太监说："方退食于外。"宣宗问为什么不在这里吃？内监回答说："禁中不得举火。"宣宗指着堂前空地问，这里为什么不可以做膳房？后在内阁建烹膳处，供阁老们侍值用餐。又一日过城上，宣宗问太监阁臣在做什么，内监说："在下棋。"问为什么只见落子，听不到声音。回答说："棋子是用纸做的。"皇上笑着说："太简陋了，明日赐象牙棋一副"，以示关怀。明宪宗时，赐内阁两连椅、借之以褥，又赐漆床，锦绮衾褥，以便阁老们休息。阁门上，夏秋悬朱�帘，冬春悬紫毡帘，备受关怀。明嘉靖时，重建内阁公署，置正房五间坐北向南，中一间供奉孔子像，左右四间分别间隔，作为阁臣办事处；又设左右小楼各一

图8-2a 军机处值房外景/上图

军机大臣入值之所，室内悬挂的“一堂和气”、“喜报红旌”匾，分别为清世宗雍正皇帝、文宗咸丰皇帝御书。

图8-2b 军机处内景/下图

图8-3 军机章京值房/上图

军机章京值房面北五间，后有小院，墙外设一井亭，自成一体。1924—1925年，这里曾做过清室善后委员会的办公处。

图8-4 西二长街螽斯门内值房/下图

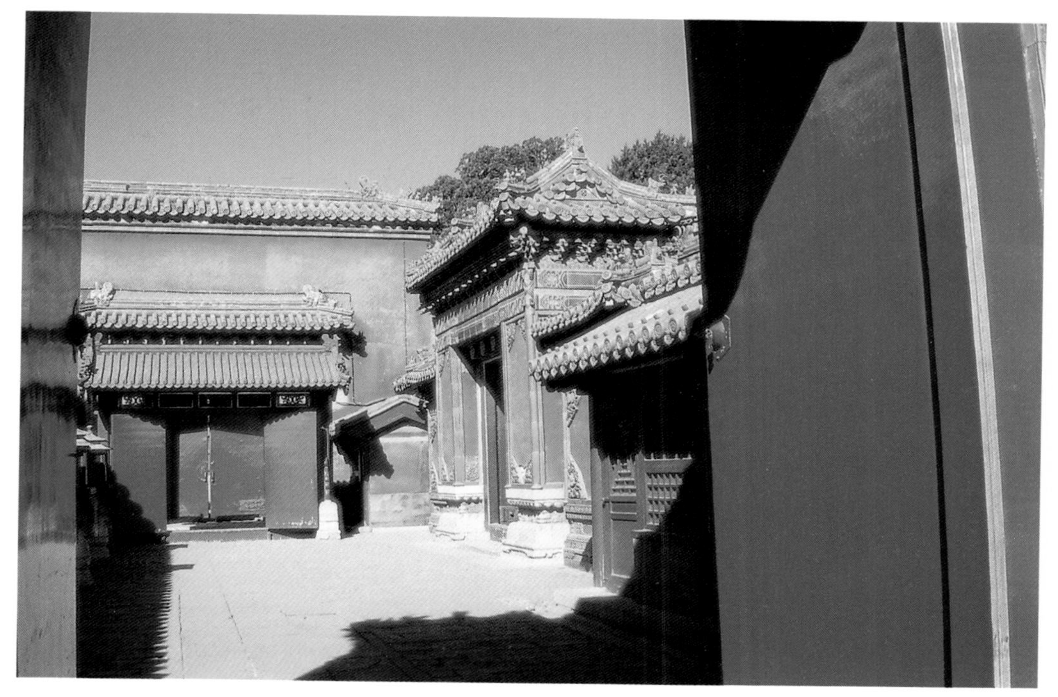

图8-5 启祥门外值房

图中的两座门都称启祥门，一座可通往西六宫的太极殿，一座可通往外西路的太后宫，是进出西六宫的重要门户，门外设侍卫值房数间，平日戒备森严。

座，用以办公和收贮书籍。明代大学士地位颇高，最初与九卿相当，后因受皇帝信赖，日渐权重。

清代沿用明代内阁公署，正房以外另建左右配房、耳房、后罩房等，设满本堂和汉本堂、票签房、蒙古堂、典籍厅、稽查房及内阁大学士等人宿值休息之所。规制较比明代宏敞。

清代雍正年为西北用兵，设立了办理军机事务处，简称“军机处”，设军机大臣、军机章京（文书）。军机大臣无定额，多时达十几人，内设领班一人，主持工作；军机章京满汉各16人，分别办理日常事务；设内翻书房，负责满汉文字互译；设方略馆，负责将重大军事政事中官员的报告、皇帝的指示等汇集成书。军机处辅佐皇帝办理机要事务，是直接为皇帝服务的中枢机构。为办事方便，雍正年在离内廷最近的乾清门外西侧、隆宗门内北建板房数间，作为将军大臣侍值之所。乾隆年将板房改为连檐通脊长房十间，其中三间为军机处值房，又将隆宗门内南侧五间房改为军机章京值房，内设议事屋，也有苏拉、纸匠、听差之所。房后有一小院，原有院门，后恐泄露军机，于光绪三十三年撤去。军机大臣位高权重，有阔军机、穷章京之说，然所处值房都很矮小，君臣之别显而易见。

宫中设太医院，专司帝后嫔妃和内廷人员的就医。太医院署设在天安门外东侧，宫中设太医值房，太医轮流入宫侍值。白日侍外廷，

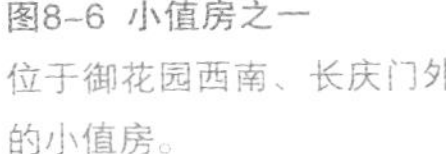

图8-6 小值房之一
位于御花园西南、长庆门外的小值房。

图8–7 小值房之二
坤宁宫前台阶下的小值房。

值房设在东华门内北；晚间值侍内廷，在坤宁宫西庑设有太医值房。清顺治十年设御药房，在内廷日精门南，内设药王堂。御药房贮药四百余种，设太监管理，要负责带领御医到各宫请脉、煎药和值宿等事。

宗人府掌管皇族事务，是保护皇族权利的机构。设銮仪卫，掌管帝后车驾仪仗的机构；设起居注馆，掌侍值皇帝身边，记录皇帝每天所从事政务的有关言行和举动；设太常寺，掌管坛庙祭祀事宜；设乐部，管理清宫音乐。

宫中最大的办事机构当属内务府，内务府最高官员称总管内务府大臣，无定员，由上二品满族王公大臣兼任，皇帝亲自指派，每年换一次，称轮值。内务府下设内务府堂及七司三

图8-8 保和殿西庑
位于中右门内西侧，连檐通脊，原为前出廊。曾作为铜器库、饭房；乾隆年改作银库、铜库，称内库。现为故宫博物院绘画馆。

院，即广储司、都虞司、掌仪司、会计司、营造司、庆丰司、慎刑司，武备院、上驷院、奉宸苑；另有分支机构130余处，负责管理皇家的财务、典礼、扈从、守卫、司法、工程、织造、作坊、饲养牲畜、园囿行宫、文化教育、帝后妃嫔等人的饮食起居、宫廷杂务、管理太监、宫女等。其中营造司专管宫廷修缮，每年岁修工程不断。广储司因负责管理财务出入和库藏，掌管皇室经济，所以在内务府中地位最高。下设银库、皮库、缎库、瓷库、衣库、茶库六库。收贮御用物品、赋税及各地所进贡品；下设银作、皮作、铜作、染作、衣作、绣作、花作七作，帽房、针线房二房，承办制作各种御用品。府库和作坊如设在宫内，一般在外朝庑房或较偏僻地点。府库所存物品丰盈以致堆积过多，不得不变价卖出，腾出库房，以备新储。

上至帝后、妃嫔，下至侍卫人员每日吃饭一事是宫廷中的重要事情。清初宫中分设管理

图8-9 库房/上图

位于东华门内坐南面北的20间库房，每间进深4丈，砖石结构，内设暗层。库内存贮红本、典籍、关防等件，亦称红本库；存贮实录、史书、录疏、起居注、前代帝王功臣像及三节表文、表匣、外藩表文等之库，亦称实录库。

图8-10 内阁大库/中图

图8-11 銮仪卫大库/下图

位于东南角楼下的銮仪卫大库，是清代存放銮驾、仪仗的地方。金水河的出水口就设在大库西侧。取水、用水都十分方便。

饮茶的茶房和管理膳食的饭房。乾隆十三年，合并茶房和饭房，建御茶膳房，作为专管宫中膳食的机构。御茶膳房设有庖长、庖人、厨役等四百余人，每日除了供应皇帝及内廷各处所茶、饭所需食物外，宫廷举办的各种廷宴。内廷诸臣和宫中各处守卫人员的日常饭食，也分别由茶房、清茶房和膳房承办。膳房又分内膳房和外膳房，内膳房最为重要，专管帝后及妃嫔们的日常膳食，有厨役近70人。内膳房又设荤局、素局、点心局、饭局、挂炉局、司寿局等，厨役等人各司其职，小心伺候，有条不紊。还设有饽饽房，分内外。外饽饽房办理各种宴会用桌的食品，内饽饽房供帝后早饭随膳饽饽。此外，供佛所用供品，各种节日所需元宵、粽子、月饼等，都由内饽饽房备办。另还设有寿康宫茶膳房，专管太后们的饭；皇子饭房茶房，管理众多的皇子们用餐。各宫也设茶饭房，供妃嫔使用。设侍卫饭房，供宫中各处侍卫的日常饭食。供应宫廷用粮机构称官三仓，设在西华门外北围房，米、麦、糖、盐、油等无所不备。宫中太监要自做饭食，每月定期发给粮米。原离宫城较远，每月领米不便，乾隆年间将储米之仓设在东华门外北围房，有房74间，称“恩丰仓”，可储米3万石，按天、地、宇、宙、日、月、盈、余、秋、收、冬、藏12字编号，由仓场衙门管理，按字号进米备用。

九、紫禁城的给水和排水

图9-1 通往护城河的入水口

图9-2 金水河西筒子河一段/对面页

紫禁城内以金水河为主干渠的给水排水系统十分完备，构成了紫禁城建筑的一大特色。

金水河是一条人工开挖的河，引护城河水自西北乾方流入，从东南巽方流出，流经大半个紫禁城，全长2000余米。五行方位以西为金，北为水，故称金水河。

河水从紫禁城北墙西侧下的涵洞流入，沿紫禁城内西墙向南缓慢流过。河道蜿蜒曲折，条石垒砌，河墙则是用青砖砌筑，这一段又称为西筒子河，实用且质朴。河上原建有木桥十余座，可供人们往来。河的西岸曾建有连房百余间，作为各宫的膳房、库房和值侍人员的住所。《明宫史》记金水河“自玄武门（即清神武门）之西，自地沟入，至廊下家，由怀公门以南，过长庚桥，裹马房桥……”，就是记载的这一段。“廊下家”即连房，“长庚桥”、“裹马房桥”即架在河上的木桥。现今连房、

图9-3 太和门前的金水河

木桥已无存，只有长庚桥已改建为钢筋混凝土结构尚存。

河道自武英殿起至太和门前，进入了外朝的区域，两岸河墙改用白石栏板望柱，以壮观瞻。流经太和门前的金水河，河道最宽，弯曲成弓形，与太和门前规矩方整的庭院形成了静中有动的鲜明对比。金水河东出太和门院，河墙又恢复青砖砌筑，经文华殿西侧向北；东转至前星门前，几折向南流经东华门内銮仪卫大库，至紫禁城东南角，河道至出水口时变窄，收作瓶状，水势减弱，缓慢经城下涵洞流出，入护城河，如《明宫史》载："……自巽方出，归护城河，或显或隐，总一脉也。"

帝王宫阙内建河的做法，自周代已有，是为了宫廷用水的方便。明清时期宫中各项工程用水及养鱼、种花、浇树用水均取之于此，同时也是灭火的主要水源，只是不能作为饮用

图9-4 半臂桥/上图

金水河出太和门院三四米便遇一条通道，于是将此段做成涵洞，涵洞上修筑路面，供行人通过。路的东侧仍为河道，沿路边依河的宽窄安装栏板望柱，以保安全。于是就出现了只有半边栏杆的桥，称之半臂桥。

图9-5 金水河出水口/下图

位于紫禁城东南角内的金水河出水口。

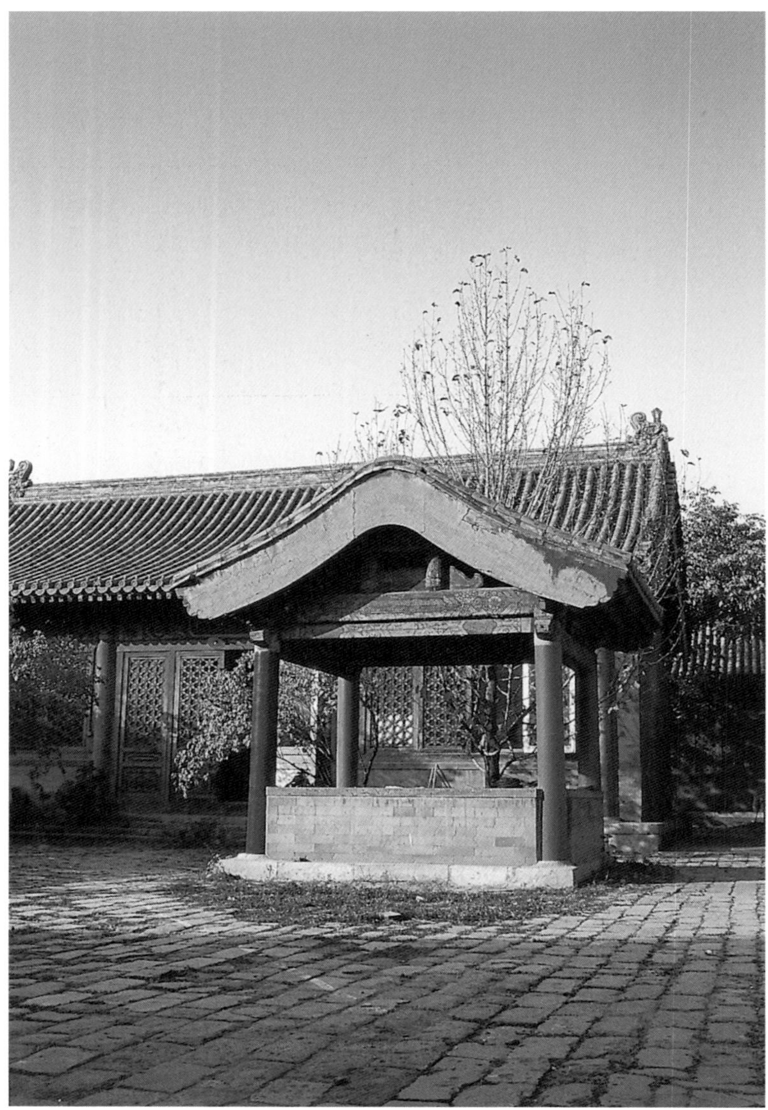

图9-6 大庖井

传心殿院内的大庖井，为故宫内最大的井亭。每年十月祭祀井之神于大庖井之前。

水。紫禁城内的饮用水是很讲究的。皇帝在宫中时，饮用水都是玉泉山的泉水，每天由专人用水车从距京城外数十里的玉泉山将水运至宫中，专供皇帝家人使用。其他人则使用井水。紫禁城内水井很多，大凡住人的院落都有井，相传紫禁城初建时凿有水井72眼，以象地煞。宫中井水清凉甘甜，很适于饮用。尤以传心殿院内的大庖井之水为最佳，水味独甘，甲于别井，有玉泉第一，大庖井第二之称。由于井水主要是饮用，因此为保持井水的清洁，井上都建有井亭。井亭虽以各院落等级不同亦有差异，但共同的特点是亭的顶部露天，便于纳光。井口有井口石和石盖板，井周围砌出流水槽，使废水不致渗于井内，都是为了保持井水的洁净。内廷水井数量最多，各宫院、花园等都有水井，明清时期后宫佳丽无数，侍奉人等成千上万，每天用水从不间断，井口石上条条磨痕，留下了时代的印迹。

图9-7 景阳宫井亭/上图

图9-8 护城河/下图

紫禁城内的排水系统也十分完备。在明初始建时考虑到排水的需要，城内地面北高南低，南北相差1.22米，具备了自流排泄能力。由于宫中院落的间隔，阻隔了雨水自流，因此又以金水河为总干渠，在各宫院设明槽、暗沟，沟与河相连，再经北、西、西南、东南几条主干渠将雨水排入金水河。排水暗沟有深浅之分，接近中轴线的暗沟稍浅，在40～50厘米左右，越向外越深，可达1米有余。这些暗沟由浅渐深，沟沟相通，又构成了一条有自流排泄功能的地下排水网络。

图9-9 内庭街边的排水沟/左图

图9-10 外朝院落的排水沟槽/右图

排水暗沟为石砌或砖石混砌，较为坚固，上面或铺石板，或埋在路下，间隔一段留出泄水口，上有沟盖石，以防杂物流入。为保证宫中排水的畅通，要定期掏挖沟渠，防止阻塞。掏挖的时间多在春季，由内务府派专人负责，遇有坍塌损毁之处，也要随工及时补修。

由于宫中排水系统从地面到地下一直保持完好，因此从未见有紫禁城内受涝被淹的记载，如今这些排水设施仍然发挥着作用，是宫殿建筑中的重要组成部分。

十、富丽的宫廷花园

图10-1 澄瑞亭
位于御花园西北水池的石桥之上，明代万历十一年（1583年）建。原为四角攒尖顶方亭，清代雍正十年（1732年）在前檐接盖抱厦三间，改作斗坛，沿用至清末。

紫禁城中的花园是专供帝后们休憩游玩的场所，明清两代曾先后建有供帝后、太后、太子、太上皇等专用的花园。花园是根据宫殿建筑的使用分布的，至今尚保留有御花园、慈宁宫花园和宁寿宫花园。这些花园处于高大的宫殿建筑群中，占地也十分有限，然叠石成山，凿石蓄水，花木成荫，不失园林之意境。宫廷园林尤以建筑取胜，园中亭台楼阁轩馆斋堂布局有序，轴线分明，建筑形式灵活多样，且纤巧华丽，更富皇家园林之气派。

御花园始建于明初，是宫中建成最早、规模最大的一座花园，位于内廷坤宁宫北，明代嘉靖以前称“宫后苑”。东西宽130米，南北长90米，占地约12000平方米。园内建筑经明代嘉靖、万历，清代雍正、乾隆等时期的改建或添建，已有亭台楼阁轩馆20余座，占全园面积的三分之一。建筑精巧多变化，以位于中轴线上的钦安殿为中心左右对称布置。殿的

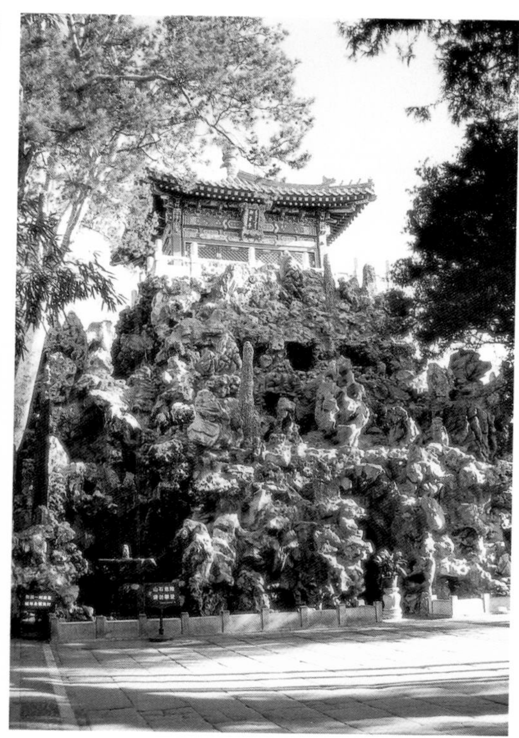

图10-2 千秋亭/左图

位于御花园内西侧，始建于明初，明嘉靖十二年（1533年）改建。亭四面，每面三间，明间出抱厦，四面出台阶，周以白玉石栏杆，三交六椀艾叶菱花门窗。重檐两层，下层檐随抱厦呈多角形，上层檐为伞状攒尖圆顶，置葫芦形彩色琉璃宝顶，上覆镏金伞盖。造型奇巧，装饰华丽，色彩鲜艳，不仅是宫中亭式建筑的精品，也是明清皇家园林建筑的代表作。

图10-3 堆秀山/右图

明万历十一年（1583年）在观花殿原址上，依北宫墙垒石堆砌的假山。山上左右设暗缸，以管相连。缸中注水下流，可至石兽口中喷出。此处是宫中现存唯一的“水法”。山上的御景亭为九九重阳节帝后登高之处。

东北为堆秀山，山的东侧为摛藻堂、凝香馆，再南为浮碧亭、万春亭、绛雪轩；殿的西北与堆秀山相对称者为延晖阁，阁西为位育斋、玉翠亭，南为澄瑞亭、千秋亭、养性斋；园开四门，南门坤宁门与坤宁宫相通，东南角、西南角有琼苑东门和琼苑西门，通往东西六宫；北门最为讲究，设四门相围，东为集福门，西为延和门，正面为承光门，于北宫墙设顺贞门，豪华富丽，琉璃装饰，与神武门相对，是内廷出入的重要门户，无故禁止开行。皇后及内廷人员出入宫廷多走此门。

园内建筑以亭式为多，其中万春亭、千秋亭造型别致，屋顶变化复杂，装饰精美华贵，为亭中佳作，堪称宫中亭式建筑之首。堆

图10-4 绛雪轩前花坛

绛雪轩位于御花园东南，轩前有琉璃花坛一座，初植海棠，每当蓓蕾初放，似红色雪满枝，故名绛雪。后改植太平花。

图10-5 御花园山石

秀山上的御景亭，建于山巅之上，端庄沉稳，亭内设有宝座，亭外设供桌，山两侧各有蹬道可至亭前。明代帝后于九九重阳节至此登高，烧香祈福。澄瑞亭、浮碧亭建于水池之上，凭栏静观，水中莲花盛开，金鱼穿游其间，别有一番情趣。园内松柏翠竹相间，常年碧绿；珍石罗布其间，典雅秀美；牡丹、芍药、玉兰更显雍容华贵。园内花草清代由南花园办理，四季不衰。春暖花开之季，园内更是景色宜人，漫步其中，诗情画意油然而生，故乾隆皇帝有诗《上苑初春》："堆秀山前桃始发，延晖阁畔柳丝斜。晴光摇飏金城晓，花色分明玉砌霞。"园中建筑也各有所用，摛藻堂备皇帝藏书读书；钦安殿供奉道教玄武大帝；澄瑞亭曾设斗坛；千秋亭、万春亭、位育斋（嘉庆时已更名为"玉芳斋"——编者注）等都曾用作佛堂；清代选秀女也曾在御花园里进行。御花园是明清两代帝后游乐休憩的御苑，因此也是一座最为富丽的花园。

图10-6 四神祠

位于御花园内钦安殿西墙外，明代建。为明清供奉四神之所。四神说法不一，或为主风、云、雷、雨之神，或说青龙、白虎、朱雀、玄武四方之神。

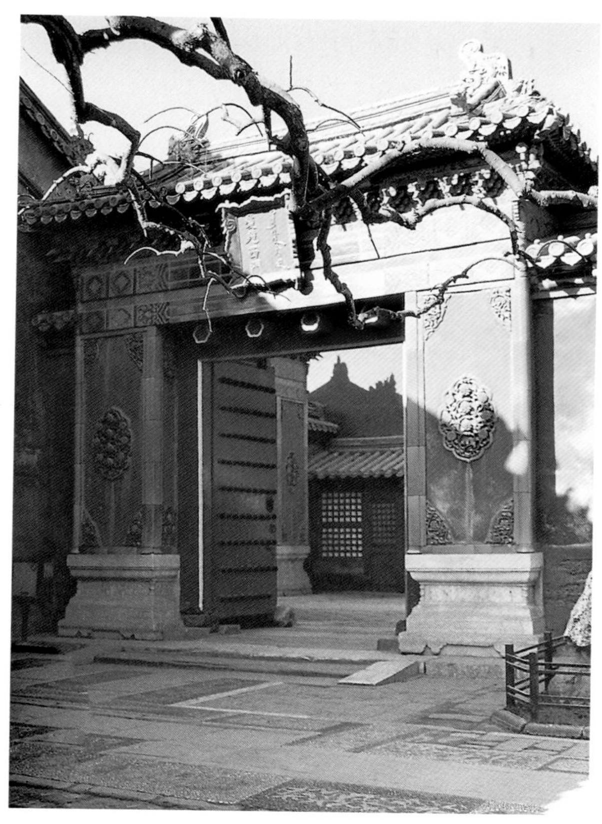

图10-7 琼苑西门

御花园的西南角门，连通西六宫。

慈宁宫花园位于紫禁城的西部，南北长130米，东西宽50米，占地约6500平方米，建于明代。清代乾隆时期有所增建，现有大小建筑11座，占全园面积的五分之一。建筑按轴线设计，左右对称，布局疏朗，环境优美，地面平坦，是专为老太后、太妃们礼佛休憩的地方。

花园北半部以咸若馆为主，左右有宝相楼、吉云楼，后有慈荫楼。四座建筑或设佛龛、供佛像，或供佛塔、藏佛经，老太后和太妃们经常在这里礼佛念经，修身养性，以此为精神寄托，过着寂寞寡居的生活。

图10-8 乾隆花园中的承露台

咸若馆的西南、东南各有一座小院，名含清斋、延寿堂，都是三间卷棚式勾连搭的三进院落，灰墙布瓦，十分质朴，是乾隆皇帝为侍奉太后汤药和为苫次所建。乾隆皇帝为含清斋题写楹联“轩楹无藻饰，几席有余清”。虽为“朴宇”，但室内装饰都极为精致。乾隆四十二年孝圣宪皇太后去世，乾隆帝曾在此守制，后因大臣坚持不让，无奈移居养心殿。此后这里也曾作为皇帝侍奉太后进膳、礼佛休憩之所。

花园南半部以临溪亭为主，遍植树木花卉，筑花坛，凿水池，叠假山，多有几分山林之趣。春去秋来，花开花落，金黄色的银杏树伴随着咸若馆檐角下的风铎叮当，寂静的花园充满了浓厚的宗教气氛。

宁寿宫花园俗称乾隆花园，位于紫禁城东北部，宁寿宫后西侧，是乾隆三十七年(1772

年)改建宁寿宫时添建的一座专供太上皇使用的花园，占地约6400平方米，南北长160余米，东西宽不足40米。因地狭长，本不利造园，而巧于构思，更费经营，使园中层峦叠嶂，松荫遮天，楼堂殿阁，檐宇相连，建筑精美而典雅，环境幽静而有生气。

花园由南至北分为四个院落。正门衍祺门内为第一进院，门内叠山堆成了一道山屏，山前辟小径，沿着卵石铺砌的小路，绕过山屏豁然开朗，亭台敞轩错落有致，山石林木点缀其中，自然质朴，清新雅逸。古华轩坐落在中央，五开间的敞轩，设围廊；檐柱下

图10-9 乾隆花园流杯渠

禊赏亭前抱厦内地面凿石为渠，称“流杯渠”，取“曲水流觞”之意。亭之装修均为竹纹，以象征王羲之兰亭修禊时“茂林修竹”之环境。

图10-10 古华轩/上图

位于乾隆花园第一进院，乾隆三十七年（1772年）建，轩前植有古楸树一株，轩因此得名。

图10-11 遂初堂/下图

宁寿宫花园第二进院主体建筑。位于花园中轴线上，乾隆三十七年（1772年）建。堂曰“遂初”，为乾隆初元默祷上苍，若得仰同圣祖仁皇帝纪元周甲（60年），即当禅位。厥后御极60余年，凡所措施，无不符至愿，得遂初愿之意。乾隆、嘉庆两帝常临此。嘉庆、光绪年间先后重修。

设坐凳栏杆，上做倒挂眉子；室内井口天花上有木雕花卉，形成了古华轩的华贵与淡雅的气氛。庭院东面山巅之露台与西面禊赏亭一高一低，一石一木形成对比。禊赏亭内的流杯渠和以修竹为喻义的装饰，构成了曲水流觞的文化内涵，也是花园中的一处佳作。禊赏亭北连接爬山廊，与山上三间面东的小屋相连，由于地势高，可迎日出，因名旭辉亭。院内东南独辟一小院，有抑斋、矩亭，又有叠山和山上的撷芳亭，可登亭远望气势非凡的殿宇楼阁。

古华轩北有一座垂花门，青砖砌出围墙，虎皮石墙基，古朴典雅，一改宫殿建筑红墙黄瓦的格调，很有北方民居的韵味。进门是第二进院，主殿遂初堂坐北面南，东西配房、廊房连游廊与垂花门相接，构成了一座方整规矩的院落，“遂初”，是指乾隆皇帝继位时曾默祷上苍，若能达到其祖父圣祖仁皇帝（康熙皇帝）在位60年即行禅位，其后来果然达到了这个愿望，是“得遂初愿”之意。

遂初堂后为第三进院，院中叠石堆山，所用的太湖石是特从北海琼岛拆运至此。堆山充堙全院，山石嶙峋，屋壑深邃，山间小路，曲折迷离。山上建有耸秀亭，亭前数步崖深数丈，由下向上望去，可观一线天奇景，极尽自然情趣。环山西面建有延趣楼，北有萃赏楼，东有三友轩。三友轩内以松竹梅为装饰，十分精美，突出了建筑的主题，为乾隆皇帝所钟爱。

第四进院以符望阁为中心，前有堆山和碧螺亭，后有倦勤斋，西有玉粹轩、竹香馆，西南是与萃赏楼相接的云光楼，东设游廊，整组建筑多仿建福宫花园而建，又各有特色。符望阁因室内装修间隔为数室，置身其中往往迷失方向，故有“迷楼”之称。倦勤斋内小戏台，装修上的竹丝挂檐板、玉璧镶嵌、裙板百鹿图等，都是精品之作。碧螺亭，平面呈五瓣梅花形，构件多饰以梅花纹，翠蓝地白色冰梅宝顶，更是新颖别致，堪称亭中之佳作。

宁寿宫花园在极不利的用地条件下，合理利用，巧妙布局，构思新颖，立意高新，建筑形式多样，室内装修考究精美，加之色彩艳丽的苏式彩画，使之成为乾隆时期建筑艺术和技术的代表之作，也是宫廷花园中的精品。

十一、宫中演戏与戏台

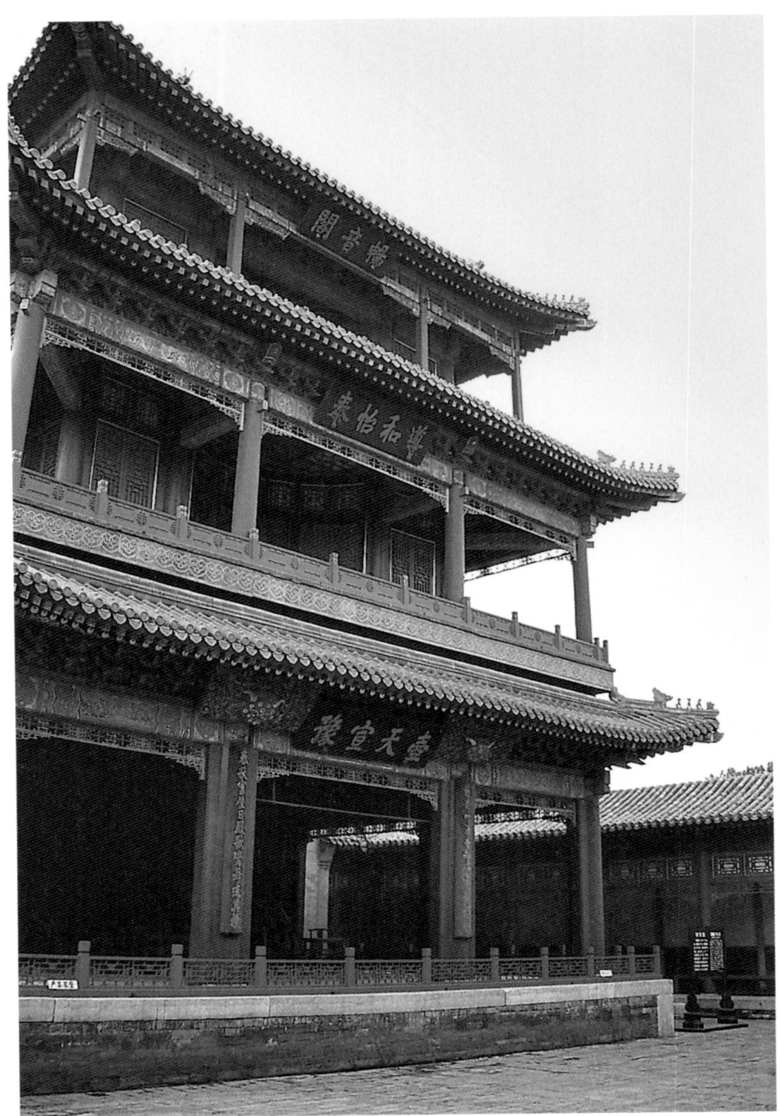

图11-1 畅音阁大戏台

图11-2 戏台装饰

明清两代帝后都喜欢戏曲。明代礼部设教坊司，专管承应宫廷音乐舞蹈。

清初延用明制，康熙时改为南府，专司内廷音乐、戏曲演出。南府隶属于内务府，下设专门管理培养和教习戏曲的机构，称内学、外学。内学学生从年幼的太监中挑选，分别行当，学戏数年，专供内廷承应戏曲。外学又有旗籍和民籍之分，八旗子弟选征入学学习戏曲称旗籍，江南及不在旗的民间戏曲艺人供奉内廷称民籍。在景山设南府钱粮处和掌仪司筋斗房，南府设在皇城东南隅南花园，形成景山、南府两处学戏、练功处，道光时，学戏者竟达500多人。道光三年（1823年），将南府改为升平署，撤销外学，只留学生240多名。清末，慈禧太后更是喜欢戏曲，因人员大减，无法承应大戏，因此又重新挑选民旗学生进宫演戏，像谭鑫培、杨小楼等许多著名的戏曲表演艺术家都进宫演过戏。徽班中的许多演员都兼过升平署的教习或学生。南府及升平署培养了大批戏曲演员，也整理和收集了很多戏曲剧本，宫廷戏曲的繁荣，对京剧的形成起了推动作用。

图11-3 长春宫院戏台/上图

图11-4 倦勤斋外景/下图

宫中演戏不断，戏曲舞台也增添不少。其中以乾隆年所建最多，如为皇太后做寿，在寿安宫建三层大戏台；建宁寿宫，又建畅音阁大戏台、倦勤斋戏台、景祺阁戏台、如亭戏台；改建乾西五所建漱芳斋戏台、风雅存戏台，每一处新改建的宫殿都设有戏台。清晚期慈禧太后建长春宫戏台、丽景轩戏台。戏台有室内室外之分，有高大、小巧之别，分别承应大戏和各种排场的演戏，非常方便。

畅音阁是宫中现有最大的演戏楼，位于宁寿宫后区东路，乾隆三十七年（1772年）建。崇楼三层，北向，四面各显三间，戏台上层称“福台”，中层称“禄台”，底层称“寿台”，演大戏时，三层都有演员，可容千人。

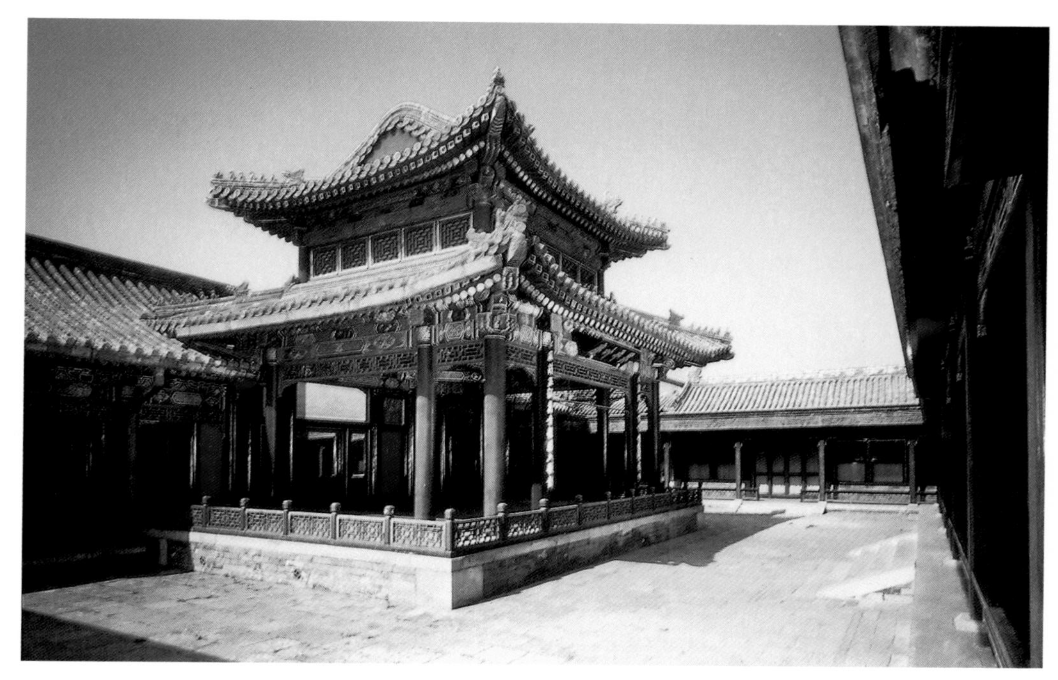

图11-5 漱芳斋戏台

北侧两层的阅是楼为帝后观戏之处；东西配楼为王公大臣们观戏处。嘉庆二十二年（1817年）在戏楼后接盖扮戏楼三间；二十三年拆去东西配楼，改建围廊，成为今天所见之形制。乾隆时共建造了3层的大戏楼四座：宫内寿安宫一座，嘉庆年拆除；承德避暑山庄一座，毁于火灾；尚存宫内一座和颐和园内德和园大戏楼各一座，都是外观高大、装饰华丽的戏楼，反映了清代戏曲艺术繁荣的盛况。

宫中室内戏台小巧典雅，装饰极为精美。风雅存小戏台位于御花园西侧的漱芳斋后殿内，坐西面东，为一木制亭式小台子，观戏者位置在东侧，面向西。由于室内小戏台多演小戏、岔曲之类，观戏者也是很随意，或靠或坐，边听戏边饮茶、吃点心，十分惬意。

宁寿宫花园中的倦勤斋室内戏台，是宫廷内戏台中最为华丽者。戏台为方形小亭，木质仿竹纹，称作竹亭，四角攒尖顶，上置木涂金宝顶。戏台东面和后檐两侧设门，供演员上下场。后台随亭左右绕以夹层篱墙。室内顶棚为竹架藤萝花纹的海墁天花，与墙壁绘饰的园林阁楼景色连为通景，立体感和空间感都很强。室内小戏台如同建在室外藤萝架下，构成一幅天然风景。壁画为乾隆年间宫廷画师郎世宁、王幼学手笔，十分珍贵。东侧为小楼，上下两层，各三间，中间设宝座床，为皇帝听戏处。乾隆时，南府太监常在此演唱岔曲。至今保存完好。

图11-6 漱芳斋室内风雅存小戏台

十二、宫廷藏书及藏书楼

宫廷藏书由来已久。早在汉代就建有天禄阁、石渠阁藏贮图书；隋代的观文殿，宋代的龙图阁、天章阁、宝文阁也都是专供宫廷藏书的地方。明代宫廷藏书亦十分丰富，明初营建北京宫殿时，设置文渊阁藏书库，藏有宋元版旧籍甚多。明英宗正统十四年（1449年）文渊阁大火，只可惜所藏之书化为灰烬。

清代宫廷很重视藏书，除了收集历代版本书籍外，自顺治至嘉庆都很注意编纂刊刻书籍，乾隆时期达到顶峰。当时宫中设武英殿修书处，参加各部书编纂的主要人员均由皇帝指派，多为大学士或翰林院官员承担。每部书的编纂都要动用众多的人力物力，仅《四库全书》编纂之时，参其事者就达4400余人，其中乾隆朝名儒参加编修者即有360余人，历时十年方完成。武英殿修书处设有刻印书籍的作坊，刻印的书籍用特制的墨和洁白细腻的开化纸印刷，质地精美，称之为“殿本”。清一代

图12-1 武英殿

明初建，清同治八年（1869年）毁于火，同年重建。位于紫禁城外朝西侧，明代为皇帝斋居和召见大臣的地方。明末农民起义领袖李自成，曾即位于武英殿。清入关之初为多尔衮办事之所；康熙年开武英殿书局，为词臣纂辑之地；乾隆以后，武英殿为专司校勘、刻印经史子集各书之处，书品甚高，谓之“殿本”。

图12-2 摛藻堂外景

所修书约有700多部（种），其中有几部大书，一部可以包括数千种之多，如《四库全书》、《四库全书荟要》、《古今图书集成》等。随着编书刻书业的兴盛和大量书籍收入宫廷，宫中藏书也越来越丰富，为此专门用来收贮书籍的楼堂殿阁，也在宫廷中相继而设。其中以文渊阁、昭仁殿、摛藻堂等最具特色。

文渊阁是清代宫中建成的一座最大的藏书楼，是专为收贮《四库全书》而建。乾隆三十八年（1773年）诏开设“四库全书馆”，编纂《四库全书》；三十九年下诏兴建藏书楼，命于文华殿后规度适宜方位，创建文渊阁，用于藏贮《四库全书》。

图12-3 文渊阁外景

文渊阁坐北面南，仿宁波范氏天一阁形制。外观为上下两层，两层之间设暗层，仍用来藏书。阁面阔六间，西尽间设楼梯连通上下。两山墙青砖砌筑直至屋顶，简洁素雅。黑色琉璃瓦顶，绿色琉璃瓦剪边，喻义黑色主水，以水压火，以保藏书楼的安全。檐下倒挂楣子、前廊回纹木栏杆、加之绿色柱子和清新悦目的苏式彩画，更具庭园建筑的风格。阁前有水池，引金水河水流入，池上架一石桥，池子周围和桥上栏板都雕刻有水生动物图案，秀气精美。阁后湖石堆砌成山，势如屏障，其间植以松柏，历时二百余年，苍劲挺拔，郁郁葱葱。阁的东侧建一碑亭，盝顶黄琉璃瓦，造型独特。亭内立石碑一通，正面镌刻有乾隆皇帝撰写的《文渊阁记》，背面刻有文渊阁赐宴御制诗。

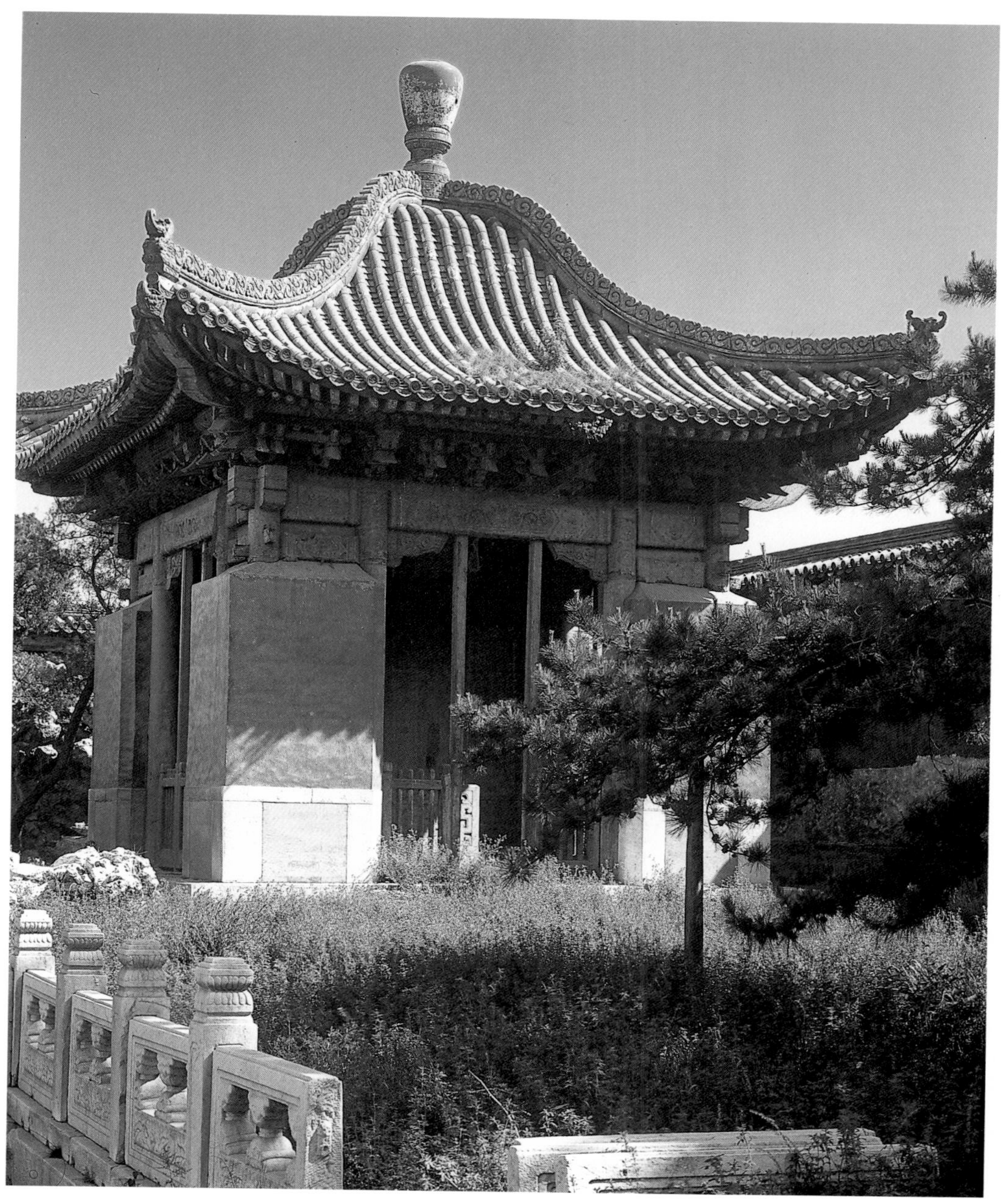

图12-4 文渊阁碑亭

图12-5 文渊阁内景

文渊阁乾隆四十一年建成，皇帝在此举行经筵活动。四十七年（1782年），《四库全书》告成之时，乾隆帝在文渊阁设宴赏赐编纂《四库全书》的各级官员和参加人员，盛况空前。四十七年，《四库全书》连同《古今图书集成》入藏文渊阁，按经史子集四部分架放置。以经部儒家经典为首共22架和《四库全书总目考证》、《古今图书集成》放置一层，并在中间设皇帝宝座，为讲经筵宴之处；二层中三间与一层相通，周围设楼板，置书架，放史部书33架，二层为暗层，光线极弱，只能藏书，不利阅览；三层除西尽间为楼梯间外，其他五间连通，宽敞且明亮，子部书22架、集部书28架存放在此；每间以书架间隔，空间利用自如，中间设御榻，备皇帝随时登阁览阅。

《四库全书》共79030卷，36000册，分经史子集四部，分装6750函。全书以丝绢作书

图12-6 养心殿三希堂

乾隆皇帝读书处，原是养心殿西暖阁梢间内一小室，名曰“温室”。乾隆帝将王羲之《快雪帖》、王献之《中秋帖》、王珣《伯远帖》视为稀世之珍收藏于此，易名“三希堂”。墙上悬“三希堂”匾为乾隆皇帝御书。

皮，其中经部书用褐色绢，史部书用红色绢，子部书用黄色绢，集部书用灰色绢，分别贮于楠木书匣中，再放置在书架上，十分考究。乾隆皇帝也为有如此豪华的藏书规模感到骄傲，曾作诗曰："丙申高阁秩干歌，今喜书成邺架罗……"清宫规定，大臣官员之中如有嗜好古书，勤于学习者，经允许可以到阁中阅览书籍，但不得损害书籍，更不许携带书籍出阁。

《四库全书》编成后，最初抄录正本四部，除一部藏文渊阁外，另三部分别藏于北京圆明园的文源阁、承德避暑山庄的文津阁、沈阳故宫的文溯阁，四阁又称"北四阁"。后又抄三部分藏于"南三阁"，即镇江的文宗阁、扬州的文汇阁和杭州的文澜阁。七部之中又以文渊、文源、文津三阁藏本最为精致，疏漏较少。文宗、文汇、文源各本已亡失。现存四部中，文渊阁本现藏台北故宫博物院；文津阁本现藏北京国家图书馆；文溯阁本现藏甘肃省图书馆；文澜阁本散佚后补抄复原现藏浙江省图书馆。

昭仁殿是乾清宫东侧的一座三开间小殿，是清朝皇帝经常光顾读书的地方。乾隆九年（1744年）下诏从宫中各处藏书中收集选出善本呈览，并列架于昭仁殿内收藏，乾隆皇帝亲笔题匾"天禄琳琅"，挂于殿内。四十年，又命大臣重新整理，剔除赝刻，编成《天禄琳琅书目前编》10卷，记载了每一部书的刊印年代、流传、收藏鉴别等情况。当时昭仁殿共有宋金元明版藏书429部，可惜在嘉庆二年

图12-7 昭仁殿内景

（1797年）十月乾清宫失火时延烧昭仁殿，天禄琳琅珍贵藏书焚为灰烬。同月嘉庆皇帝命重辑《天禄琳琅续编》，于次年完成，所辑达659部，12258册，宋辽金元明五朝刊本俱全。其中好的宋本，乾隆皇帝都有提识并钤有“古稀天子之宝”、“乾隆御览之宝”等印，以示珍贵。昭仁殿藏书宋金版本用锦函，元版本用青绢函，明版本用褐色绢函，分架排列，皇帝可以随时到此览阅，十分方便。

摛藻堂一直是宫中的一处藏书之地，位于御花园东北隅，坐北朝南，左靠高耸的堆秀山，前临一池碧水，藏于浮碧亭后，环境幽雅宁静。摛藻堂藏《四库全书荟要》书以经史子集四部分置。乾隆三十八年在下令编修《四库全书》时，复命择其精华者录为荟要，并说："全书卷帙浩如渊海，将来庋弆宫廷，不啻连楹充栋，检玩为难。惟摛藻堂向为宫中陈设书籍之所，牙签插架，原按四库编排。朕每憩此观书取携最便。着于全书中撷其精华，缮为荟要，其篇式一如全书之例。盖彼极其博此取其精，不相妨而适相助，庶缥缃罗列，得以随时浏览，更足资好古敏求之益。"《四库全书荟要》一共完成两部，第一部成于乾隆四十四年，收贮于摛藻堂；第二部于次年完成，存圆明园内长春园的味腴书室。其于咸丰十年（1860年）英法联军火烧圆明园时被焚。存摛藻堂一部钤有"摛藻堂印"，现存台北故宫博物院。

此外如乾清宫、养心殿、圆明园等处皇帝日常朝政、读书、居住、休息的场所，都要摆放许多书籍，备皇帝随时阅览。宫中各处所藏书籍都由内务府派专人保管，定时检查、晾晒，放置驱虫药剂，防止书籍潮湿、霉变、虫咬。由此措施使宫中丰富藏书得以完好保存下来。

十三、宫中教育和官学

明清两代皇帝对皇子们的教育都非常重视

明代立皇太子，因此对皇太子的教育更为突出，为其选择专门的师傅，讲授儒家经典，观今文华殿曾是明代太子读书的地方。对于年幼继位的小皇帝让其学习更深的道理。隆庆六年（1572年），大学士张居正、占调阳为新继位年仅10岁的万历皇帝编写了一部教材，集历代皇帝所做的善事、恶事百余件，绘成图画，用通俗易懂的语言，讲给皇帝听，书名《帝鉴图说》。由于此书以看图明义的方式达到教育目的，易被皇帝了解，因此也被清代宫廷选作小皇帝的读物。

清代自顺治时就设有专门管理皇子读书的机构——上书房。康熙时设在西华门内南薰殿西侧的长房等处。雍正初年，雍正帝为了便于监督皇子们的学习，将上书房移至乾清门内东侧的南庑，选择房屋五间为皇子读书处，雍

图13-1 上书房
乾清门内东侧的上书房为皇子读书处。台阶下为习射之处。

图13-2 咸安门

正帝还亲题联："立身以至诚为本，读书以明理为先。"上书房设总师傅、师傅数人教授汉书，均由翰林中学问极好者充任，所学内容也是以汉学为主，读的书籍为《四书》、《五经》、《性理纲目》、《大学衍义》、《古文渊鉴》等。另外有教习皇子蒙语、国语（满语）、拉弓射箭的谙达（满语"教习皇子的人"）数人。上书房还设有为皇子拜孔子行礼的祀孔处，为皇子休息饮茶的阿哥茶房，并派太监四名，负责供献祀孔处的香烛及上书房等处陈设、洒扫、坐更等事。

清朝规定，皇子、皇孙、曾孙及近支王公子弟年届6岁者都要入上书房读书。入学之日，要先到上书房旁的祀孔处先师、先贤神位前行礼。随后与师傅预备桌椅，将书籍笔砚安放桌上，皇子要向师傅行礼，如师傅不肯受礼，皇子可向座一揖，以师儒之礼相敬。雍正皇帝说："如此，则皇子知隆重师傅，师傅等得以尽心教导。此古礼也。"宫中学规很严格，"每日届早班之朝，率以五更入，时部

图13-3 “咸安门”匾额

院百官未有至者……然已有白纱灯一点入隆宗门，则皇子入书房也。既入书房，作诗文，每日皆有课程，未刻毕，则又有满洲师傅教国书，习国语及骑射等事，薄暮始休……”乾隆皇帝曾对皇子的师傅们说：“皇子年齿虽幼，然陶淑涵养之功，必自幼龄始。卿等可殚心教导之。倘不率教，卿等不妨过于严厉。从来设教之道，严有益而宽多损。将来皇子长成自知之也。”并谆谆告知皇子们：“师傅之教当所受无遗。”因此，上书房的师傅对皇子们的管理是很严的，各屋都备有夏楚（即打手板），如有违反学规者，照例是可以打手板，也可以罚站，但出于是皇族子弟，是不允许罚跪的。

上书房的设立，为清代皇族子弟的教育培养作出了贡献。乾隆皇帝在上书房读书数年，对上书房的师傅多有褒奖。如蔡闻之，侧重读书之功用，故弘历于乾隆八年说“吾得学之用”；朱可亭对经学很有研究，弘历于乾隆十三年说“吾得学之体”；龙福翰以授课能多方诱读为长，乾隆帝幼年受教于龙，说“吾得学之基”，他继位后以优礼授之为大学士。

上书房自雍正初年迁至内廷，经乾嘉道到咸丰年，以后同治、光绪、宣统朝均为幼帝登基且又无子，因此上书房就不再使用。读书的地点，同治亲政前在弘德殿，光绪亲政前在毓庆宫。所学内容虽以汉学为主，自光绪帝开始也学些英文等。光绪帝的英文师傅德菱每日进宫教习一小时，称光绪帝英文发言不甚清晰，但英文书法却是异常秀艳。溥仪只做了三年小皇帝，退位后仍住在内廷，闲暇轻松。此时书报很多，宫中也订些报刊，供皇帝阅览。溥仪的英文老师庄士敦，很受溥仪爱戴，师生关系很好，为了让其陪伴小皇帝，特将御花园中的养性斋作为庄士敦休息的场所，表现出清廷对师傅的厚爱。

明清两代，宫中都设有官办的学堂

明代宫中学堂称内书堂，选10岁左右的小内侍入内读书，为明朝廷培养了一批有知识的宦官，以致有人认为明朝宦官窃权专政与通文义有关。明代宫中也教授女子读书，选读书多、善楷书、有德行的太监任教师。所读书目除儒家经典外，主要以《孝经》、《女训》、《女诫》、《内则》等为主，学规也是很严的。但是若能通者，可升为女秀才、女史、宫正司六局掌印等，称之为女官。

清代则重视对八旗子弟的教育。顺治十年（1653年）设立“左右两翼宗学”，为清代贵胄之学校。雍正七年（1729年）设立“八旗觉罗学”，次等的贵族学校，以及八旗子弟学校“八旗官学”和内务府所属的学校“长房官学”等。康熙二十四年（1685年）时，曾在神武门外北上门东西连房设立学房，因近景山，又称之为景山官学。内分设清书房、汉书房，选内务府佐领、内管领下闲散幼童360名入学学习。每人每月给银一两，视其学业，好者录用，顽劣者革退。此举为清廷内务府选送了一批能书善射之人。

雍正时期，为加强对宗室、八旗子弟的教育，同时也感到景山官学学生学业不好，决定再设一处官学，其址选在内廷外西路的一处院落——咸安宫，以利临近御内，便于督查。雍正六年（1728年）发谕旨设咸安宫官学，七年七月正式上课。从此，在紫禁城内便出现了一所为内务府子弟开办的学校。

雍正皇帝视咸安宫官学为成才之地，十分重视，因此一切待遇体制均在八旗官学和景山官学之上。凡入学子弟不但免丁粮、每月发银二两；而且所用笔墨纸砚、弓箭、马匹等，全由宫中配给，各衙门对官生也都以礼相待。学校设汉书课，选汉人教习《四书》、《五经》、诗赋、策论、制义文（八股文）等，并练习书写汉字；由满人教习满文，学习满文翻译；同时也不忘武功，教习步射、骑射。咸安宫官学学制五年，经考试得一、二等给七品、

图13-4 养性斋

位于御花园的西南，明代所建，初名“乐志斋”，两层七间楼阁式。清代改称“养性斋”，乾隆十九年（1754年）改建为转角楼。

八品笔帖式（文书）并赐笔墨、缎疋等。八旗及内务府官员子弟只要进入咸安宫官学，就为他们进入仕途开辟了道路。

乾隆十二年（1747年）又在咸安宫官学内设立蒙古学房，教授蒙古经书、翻译等。十六年，乾隆皇帝为其母60岁祝寿，将咸安宫改建为寿安宫，作为皇太后的宫殿。将咸安宫官学迁至西华门内原尚衣监处，作为临时校舍，学员学习成绩开始下降，散漫之气日盛。为此乾隆皇帝对学校进行了整顿，并于二十五年（1760年）在尚衣监西边为咸安宫官学新建校舍27间，宫门挂“咸安门”匾额，并令词臣为其拟联：“行庆恩深，阳春资发育；右文典重，云汉仰昭回。”以此鞭策学生好好学习。

官学的整顿虽有了好的转机，但八旗子弟骄横懒怠的陋习，使他们无心用功读书。清晚期国势渐衰，已无力支付官学的开支。光绪二十八年（1902年），将咸安宫官学迁出宫外，改为若干所小学，历时二百多年的咸安宫官学遂废止。现在仍保存有咸安宫宫门一座，是为历史的印证。

十四、帝王家庙——奉先殿

祭祖是封建社会家家户户最为隆重的祭祀活动，帝王祭祖有祖庙，周礼定制，在宫城外左侧，即《考工记·营国制度》载“左祖右社”。明代朱元璋建南京宫殿时也在宫城外南侧东西分别建太庙和社稷坛。朱元璋以太庙时享（三个月一次）未足以展孝思，又在内廷乾清宫东侧建家庙奉先殿，以太庙像外朝，奉先殿像内朝。可以朝夕焚香，朔望瞻拜，时节献新，生日、死日致祭，用常馔，行家人礼。

永乐迁都北京时，于紫禁城内也建有奉先殿，一切制度与南京宫殿相同。有前后两殿，前殿后寝形式，前殿是举行祭享仪式的地方，后殿平日奉安列帝列后神牌，中间以穿堂廊子连接成工字殿形式，坐落在汉白玉石须弥座上，周以白石栏杆。前殿西阔九间，进深四间，黄琉璃瓦重檐庑殿顶。殿内设有列帝列后龙凤神宝座、莲豆案、香帛案、祝案、尊案；

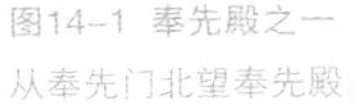

图14-1 奉先殿之一
从奉先门北望奉先殿

东西有夹室，清朝定制，凡是先于皇帝去世的皇后神主暂时安放在夹室。凡遇大祭仪式都在前殿举行。后殿面阔也是九间，进深只有两间，单檐庑殿顶。后殿前檐中五间接穿廊与前殿相连，后檐不设窗，依九间分为九室，分别供奉列帝列后神牌，每室各设神龛、宝床、宝椅、椸（衣架），前设供案、灯檠。这种一殿分数室，分别供奉的布局，称为“同堂异室”，是祖庙建制的形式之一。

奉先殿与太庙不同之处是没有祧庙（奉安远祖神牌的地方）。清代太祖、太宗、世祖三朝的御容一向收供在外朝体仁阁，也没有展谒献祭的礼仪。乾隆十五年重修寿皇殿后，将三朝御容收奉在寿皇殿左侧的衍庆殿，有如祧庙之制。

嘉庆年间，又定内殿之祭：清明、中元、圣诞（皇帝诞生日）、冬至、正旦，皆有祝文。两宫寿诞，皇后并妃嫔生日，立春、元宵、四月八日、端午、中秋、重阳、十二月八日，皆凡祭方泽、朝日、夕月、出告、回参，册封告祭，朔望行礼，都在奉先殿举行。清代不仅保留了奉先殿，且其祭享仪式也比明代隆重，要日献食、月荐新，朔望朝谒，出入启告。遇列帝列后诞辰、忌辰及各节令、庆典，都要到后殿上香行礼。遇当朝皇太后、皇帝诞辰及元旦、冬至、国有大庆，还要将诸位列帝列后神牌移到前殿祭享。

图14-2 奉先殿之二/后页

图14-3 太庙内景（老照片）

家庙所供物品，各月不同，每日不同，所谓月荐新、日供养，且都是新鲜上好的食物。清代祭家庙的物品带有满族特色，有的物品甚至从千里之外运到京城，因运输不方便，使水果等供品鲜色大减，因此乾隆年有大臣提议，将鸭梨等水果移植京师附近栽种，以保持祭品的新鲜。

十五、宫中斋戒与斋宫

图15-1 斋宫门

斋戒，是祭祀前对受祭者表示诚敬的一种礼仪。祭祀活动是宫廷中的重要典礼活动，明清两代统治者对此都十分重视。明清时祭祀活动分为大祀、中祀、小祀（群祀）三个等级，清代以祭天地、太庙、社稷等为大祀；以祭日、月、历代帝王、先师孔子、先农、先蚕等为中祀；对先医、龙王庙、贤良阁、昭忠祠等为群祀（小祀），大祀皇帝要亲祀，中祀大部分遣官致祭，群祀则全部由皇帝派遣的官员致祭。凡遇皇帝亲临祭祀时，则要先期斋戒，斋戒时间视祭祀等级而定。一般大祀三日，小祀二日。凡斋必于前一日沐浴，斋戒日还要另悬斋戒牌于胸前，膳食不进荤、不饮酒、不作乐，要在宫中门额上悬挂斋戒木牌，结束后方可撤去。

明代天地坛都有斋宫，如在宫中斋戒，多在外朝西侧的武英殿。清代自雍正皇帝在宫中建立斋宫，斋戒仪式多在宫中进行，并制定

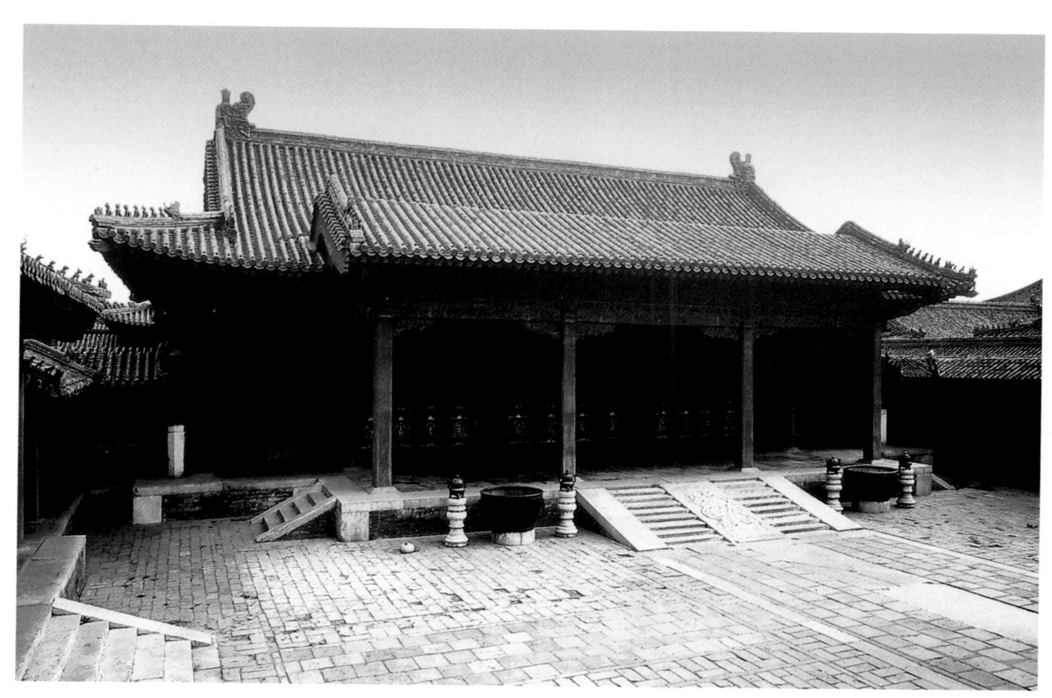

图15-2 斋宫

为清雍正九年（1731年）在明代弘孝、神霄等殿旧址上改建而成，有后殿曰“诚肃殿”，为清代皇帝斋戒之所，前殿曾悬挂乾隆御笔匾曰“敬天”。

"南郊、祈谷、常雩，例于祭前三日，上御大内斋宫：北郊、太庙、社稷饷祀，均于养心殿致斋"（《大清会典》）。南郊、祈谷、常雩属大礼，遇大礼，皇帝要到斋宫，以表精神专一。斋宫位于内廷乾清宫东边之东六宫南侧，为前后两进院，正殿面阔五间，前出抱厦，有东西配殿，前设琉璃门。后殿称诚肃殿，五间，左右接抄手游廊连前殿，西侧有角门，可通东六宫。如遇祭祀天坛，斋戒三日，皇帝在斋宫只住两日，第三日住坛内斋宫。大礼斋戒，不进本章，不办事体，以昭虔敬。

祭地坛、太庙、社稷，皇帝照常斋戒，但不亲宿斋宫，只在养心殿的前殿东侧一个小寝室内致斋，养心殿斋戒，除刑部外，其余各衙门照常进本章，以防事件积压。

十六、神秘的宗教世界

清宫中有大量用于宗教祭祀活动的建筑。明代宫中就设有佛堂和道场，宗教活动不断。清初，满族萨满教和藏传佛教也进入宫中，还有儒家所崇拜的先师先圣之堂，因此各类宗教形式并存于宫中。

1. 佛堂

佛堂在清宫中是最多的。佛堂分为两类，一类是汉佛堂，一类是藏传佛教佛堂。汉佛堂为明代所建，目前宫中仅存有英华殿一区，为明清两代皇太后等礼佛之处。英华殿一区位于内廷西北角，占地近8000平方米，建筑疏朗，环境幽静。英华殿大佛堂建筑规格较高，为面

图16-1 雨花阁
紫禁城中最大的藏传佛教的佛堂，位于内廷西侧，建于清乾隆十四年（1749年）。雨花阁中保存有大量的佛像、唐卡等佛教文物，多为宫中承作和各处进献，制作十分精美，是极为珍贵的文化遗产。

图16-2 宝华殿

阔五间单檐黄琉璃瓦庑殿式顶，三交六椀菱花隔扇门窗。殿内设有西番佛像。殿的左右各有耳殿（亦称垛殿）三间，殿前出月台，中设香炉一座，前接高台甬路与英华门相接，门的两侧琉璃影壁中的仙鹤姿态生动，为明代遗物。清代乾隆年间在殿前甬路中央添建碑亭一座，亭中石碑之上刻有乾隆御制英华殿菩提树诗。英华殿院内有菩提树两株，为明代神宗生母圣慈李太后手植。每年盛夏开花，花为黄色，有菩提子，缀于叶子背面，秋季其子落地，颗小色黄莹润，可用做念经用的串珠，乾隆皇帝曾题有《菩提树数珠》诗。清代英华殿仍以汉佛堂形式保留下来，是专供皇太后等礼佛之处，在此祈祝平安幸福。

图16-3 中正殿内景

藏传佛教佛堂最多，散见于宫中内廷各处，至今仍有众多佛堂保留着原状。藏传佛教自13世纪传入内地，得到元代统治者的信奉，明清时期都奉行扶植藏传佛教的政策。清代统治者更是把信奉藏传佛教作为治理蒙藏地区、巩固政权的重要手段，故清廷对藏传佛教十分重视，藏传佛教也因此进入宫廷。

清康熙年间，特设专门管理宫中藏传佛教事务的机构“中正殿念经处”，主办宫中喇嘛念经、造办佛像、法器、供器等事务，将佛事活动作为一项制度列入《大清会典》中，确定了藏传佛教在宫中的地位。乾隆时期是宫中藏传佛教活动的顶峰，乾隆皇帝师从三世章嘉若必多吉活佛，学习密宗佛法，散见于宫中各处众多的佛堂大都是乾隆朝所建，形成了宫中各处专用佛堂，佛堂内的环境装饰、法器陈设均按教义布置，为皇宫内佛堂专门制作的神像、

图16-4 咸若馆内景

神器、唐卡也都为当时之最为精美华丽之作。

中正殿一组建筑是宫中最大的一处专用于佛教活动的建筑，是宫中佛教活动的中心。位于内廷西六宫的西侧，共有建筑十余座，从南至北位于轴线上的依次为雨花阁、宝华殿、香云亭、中正殿、淡远楼。中正殿是专供无量寿佛的殿堂，所念无量寿经也是为皇帝祝福长寿，是皇帝做佛事的佛殿，因此在宫中地位很高，殿前香云亭内设大小金塔七座，金佛五尊，又称为金塔殿，甚为精美，只可惜于1923年与中正殿、淡远楼一同毁于建福宫花园的一场大火，现仅存遗址。

香云亭前的宝华殿是一座三间小殿，内供释迦牟尼像。清代宫中每年一次在这里举办大型的佛事活动“送岁”和“跳布扎”。“跳布扎”是满语，即俗称的“打鬼”。佛事活动所用的服装及铜鼓、面具、骷髅等道具都由宫中内务府准备，由喇嘛表演“跳布扎”。在宫中表演这种带有浓郁的西藏风格的宗教舞蹈，极有特色，届时皇帝也会亲临观看，十分隆重。

宝华殿前有雨花阁及佛楼三座，都是乾隆十五年至三十三年之间所建。雨花阁外观3层，在一、二层之间设有暗层，为明三暗四的楼阁式建筑，外观带有浓厚的西藏佛教建筑特点。一层称智行层，悬挂着乾隆皇帝御笔匾额“智珠心印”，供奉无量寿佛，乾隆十九年添置的三座极精美的珐琅坛城，至今仍完好地保存在这里。二层称奉行层，供奉九尊，中为菩提佛，左右供佛母、金刚各四尊，墙壁上挂满了“唐卡”，夹层中微弱、暗淡的光线，更衬出佛堂的神秘。三层供奉瑜珈部的五尊佛像，又称瑜珈层。四层为无上层，供奉密集、大威德、胜乐佛三尊，为双身像，即“欢喜佛”，青铜铸造，精美绝伦，为佛像中之精品。雨花阁既是一座神秘的佛楼，也是一座大型的汉藏建筑合璧的代表作，雕龙穿插枋、柱头上的兽面装饰、山面镶嵌的佛龛、镏金铜喇嘛塔宝顶以及铜镀金瓦顶及跃于脊上的四条金龙，都具有鲜明的藏式建筑风格，融于红墙黄瓦的宫殿建筑群中，更显光彩夺目。

雨花阁西北有一座三间两层的小佛楼，称梵宗楼。楼虽小，供的佛却是宫中最大的一尊，高1.72米青铜佛像，称大威德怖畏金刚，以威猛降伏恶魔，是重要的护法神。乾隆皇帝将自己使用的盔甲、衣冠、兵器供奉在像前，将大威德作为战神来奉祀，因此这座小楼在宫中也是有着极为特殊的地位。雨花阁前东西两座配楼曾经作为影堂，供过三世章嘉和六世班禅的影像，表达了乾隆皇帝对班禅六世和章嘉国师的敬重和尊崇，体现了清统治者对藏传佛教的重视。

除中正殿一区外，宫中还有几处专用的佛堂，如慈宁宫花园中的慈荫楼、宝相楼、吉云楼、咸若馆；慈宁宫、寿康宫等处的大小佛堂，都是为皇太后和太妃们专设的礼佛之处。

养心殿及东西配殿也设有佛堂，为皇帝专用。宁寿宫一组建筑中的养性殿、梵华楼及宁寿宫花园等处也都设有佛堂，专供太上皇使用。

清宫中不仅佛堂多，佛事活动也最频繁。如中正殿一处全年365天都有喇嘛念经，雨花阁、养心殿、慈宁宫花园等佛堂每月有固定的天数念经。由于佛堂设在内廷，念经的喇嘛也多由太监充任。遇有元旦、圣寿等各种节日，做佛事更是宫中的一项重要活动。遇有丧事，喇嘛做法事也是必不可少的。清一代宫中佛事活动，成为宫廷生活中的重要组成部分。

清宫中设立众多的佛堂和频繁的佛事活动，也需要大量的佛教用品，如供器、供品、唐卡、佛像等。这些用品多为清宫造办处、中正殿念经处承做，也有为各处贡献，由于是皇家佛堂使用，因此制作都十分精美，使清宫佛堂于神秘之中更显皇家高贵之气派。清宫佛堂及其用品大都完好地保留了下来，这是藏传佛教的艺术宝库，是极为珍贵的文化遗产。

2. 道场

道教产生于中国，在历史上曾受到过很多朝代帝王的崇信和支持。唐高宗时以道德天尊老子为李氏祖先，尊为“太上玄元皇帝”，每州建道观一所；宋代编辑道藏、大建宫观，于太学置《道德经》、《庄子》、《列子》博士，道教大盛；元太祖忽必烈立全真道龙门派创始人丘处机为“大宗师”，掌管天下道教。

图16-5 吉云楼

明代皇帝信奉道教，不仅在宫内外建道场，还请道士为宫廷炼丹，求长生不老。清初一切典制悉沿明制，到康熙时期道教逐渐式微。乾隆时期有御史议应灭汰道僧，乾隆虽未同意，却将太常寺道士乐官裁去，别选儒士为乐官，责令道士改业。宫中各处道场也都由太监道士管理，大刹道士气焰。由于清代朝廷崇奉佛教，因此道教在宫中地位较低。清代紫禁城中用于与道教有关的建筑不多，用途也多与宫中生活有关，而非传教义、养道士之用。

清代宫中用于道教的建筑有钦安殿、天穹宝殿和城隍庙三处。

图16-6a 钦安殿外景/上图

图16-6b 钦安殿夹杆石/下图

钦安殿位于御花园内，是紫禁城中轴线上最北的一座殿堂，建于明代，嘉靖年间添建周围矮垣，自成院落。钦安殿重檐盝顶，面阔五间，进深三间，坐落在汉白玉石的须弥座台基之上，前出宽敞的月台，四周围以望柱栏板，盝顶之上置一镏金宝顶，造型别致，为宫中仅有。钦安殿石雕栏板刻技精湛，实为宫中精品。雕刻纹饰为穿花龙，其中北侧正中一块雕刻为水纹双龙图案，这在宫中栏板装饰中极为少见。从中国传统的阴阳五行学说来看，北属阴，主水，钦安殿即为宫中最北的殿堂，供奉玄天大帝道场，其义当以保宫殿平安；且殿前的天一门也取义“天一生水，地六成之”，院内夹杆石石阶上雕刻的鱼、虾、龟、蟹、水怪、海水等图案，都体现了乞天赐水，以保宫殿平安。难怪清宫在每年立春、立夏、立秋、立冬日，都要在钦安殿设道场，架起供案，皇帝亲自到神牌前拈香行礼，“天祭”日也要在此设醮进表，祀天保佑。这座为清宫中的最大道教建筑得以保存下来，正是由于钦安殿这种特殊的作用。

明代宫中有玄穹宝殿，祀昊天的，位于内廷东六宫东侧，清代改称天穹宝殿。殿为五间单檐歇山顶，另有配房和群房数间，为道教活动场所，曾在此办天腊道场（正月初一日）、天诞道场（正月初九日）、万寿平安道场（皇帝生辰）。殿内曾挂有玉帝、吕祖、太乙、天尊等画像，皇帝也曾到此拈香祈雪、祈晴。

城隍庙则为清初所建，位于紫禁城西北隅，清代顺治四年建。庙内有山门、庙门、正殿、配殿10余座，共30余间，祀紫禁城城隍之神，每年万寿节和季秋都要遣官致祭。

在紫禁城内建城隍庙，是用来保佑紫禁城的平安。庙内定期设道场，每年三月、九月、十二月供用玉堂春花一对，朔望供素菜，至道光二十五年（1845年）后停止。

宫中建道场，或为祈雪、祈晴，或祈水，或祈神，保平安，保丰年，都是人对自然的祈盼，而不是追求对道教教义的传播和崇拜。因

图16-7 坤宁宫内景——祭神处

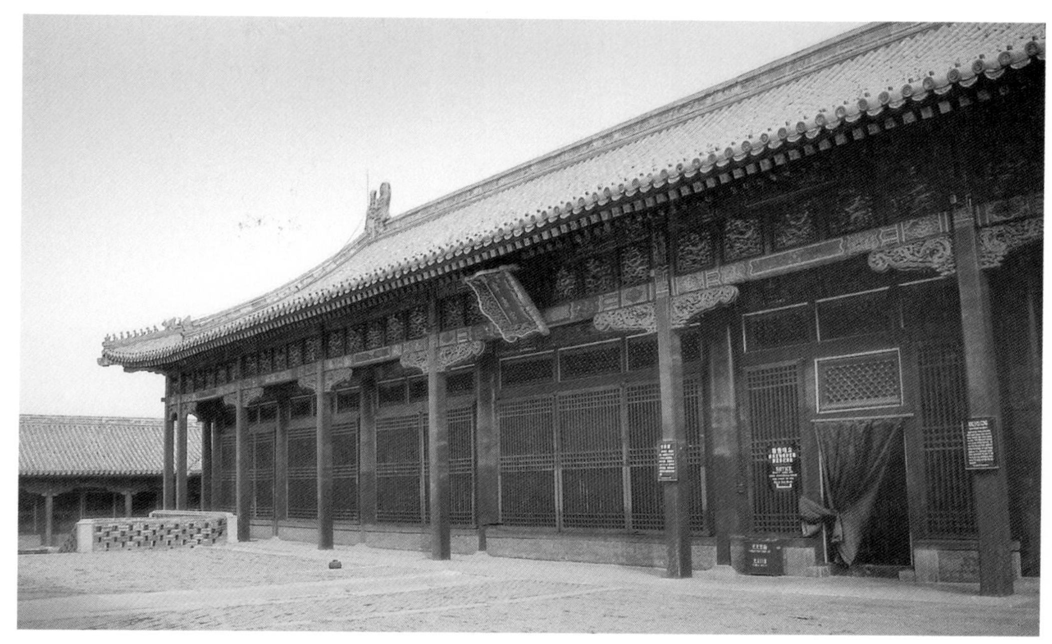

图16-8 宁寿宫

此，其在宫中的地位远不如佛教，从中可以看出清代帝王对道教的态度。

3. 祭萨满

虽然藏传佛教在宫中地位极崇，道教也在宫中设有道场，但作为满族特有的萨满教依然保留了下来。萨满教是满民族固有的一种宗教形式，源于民族部落中的拜神活动，以家祭形式表现，最初神位上只奉一板，俗称神板，也叫“祖宗板”，家家都设神位供奉。后来发展为木龛、神龛，龛中神位也由无主神向多神位过渡，除本民族固有的自然神、祖先神等，又将汉族的关帝神位及蒙古神、佛教中的观世音菩萨、释迦牟尼等，都纳入萨满教祭祀之神。将各路神灵统奉于萨满教神位之上，是清代统治者面对高度文明所作出的反映，是清统治者对神权的依赖性。由于各路神灵祀于萨满教之下，众神同处一室，何以祭祀，清宫规定，坤

图16-9 西北角楼下的城隍庙正殿

图16-10 “传心殿”匾额

传心殿，位于文华殿东侧，清康熙二十四年（1685年）建。殿内设皇师伏羲、神农、轩辕，帝师尧舜，王师禹、汤、文、武位，东西各设周公位、孔子位。于经筵前一日祭告。

乾隆六年（1741年）乾隆帝曾亲自到文华殿祭告，作《辛酉仲春经筵亲诣传心殿行礼》诗一首：

布治遵前矩，崇文御讲筵。
先期修祀事，亲诣致心虔。
礼乐薄殷夏，经纶在简编。
执中恒自凛，敢曰继薪传。

宁宫每日祭神分为朝祭、夕祭两次举行，朝祭时神位供奉释迦牟尼、观世音、关帝；夕祭时神位供奉穆俚罕神、画像神、蒙古神。每次夕祭都要进豕一口，以慰神灵。坤宁宫祭神自清初开始至清灭亡，相延两百余年，始终不停，说明其地位在清统治者的心目中始终未变。

十七、从帝王之家到故宫博物院

图17-1 出宫情景（出神武门）

图17-2 出宫情景（出内右门）

自明代建成北京城，永乐皇帝下诏迁都北京，紫禁城就成为封建帝王统治的中心。明末李自成起义，推翻了明王朝，随之而来的是生机勃勃、更加强大的满族统治的清王朝。直到1911年辛亥革命推翻了清王朝的统治，废除了中国封建社会几千年来的帝制，封建社会的最后一个皇帝——年仅6岁的溥仪，在隆裕太后颁发退位诏书后宣布退位。根据《清室优待条件》，清室人员可“暂居宫禁”，“日后迁居颐和园”。根据这一条件，将紫禁城划分为南北两个区域，逊帝溥仪仍居住在保和殿以北的内廷，外朝地区为国民政府所辖。同时，将沈阳盛京皇宫、承德避暑山庄等处文物迁运回北京。1914年2月，当时的北洋政府开办成立了古物陈列所，将皇宫收藏的文物陈列展出，供世人观赏，从此紫禁城敞开了森严的大门。逊帝溥仪在内廷居住长达13年之久，这期间，仍继续使用宣统年号，役使着大批的太监、宫女，还于1917年闹了一场张勋复辟恢复清王朝的丑剧。皇宫所藏文物也大量外流，国民和政府官员对此极为不满。1924年北京政变成功后，临时政府于11月4日修正了《清室优待条件》，决定清皇室即日移出宫禁。11月5日，担任京师卫戍司令的鹿钟麟将军、警察总监张璧，会同教育文化界名流李煜瀛，前往紫禁城与内务府大臣绍英等人协商出宫事宜，清皇室一拖再拖。在此情况下，鹿钟麟态度坚决，强令溥仪立即出宫。当日下午，溥仪携其妻婉容、妾文绣以及大臣、太监、宫女等数人，离开了紫禁城，回到其父载沣家中。

溥仪出宫后，临时执政府成立了“清室善后委员会”，聘请李煜瀛为委员长，负责组织清理清室财产及善后事宜，经过一年时间完成了对清宫物品的初步查点，编辑出版了《清室善后委员会点查报告》；同时，聘请内阁教育总长易培基主持筹办图书馆、博物馆。清室善后委员会近一年的积极准备，为故宫博物院的成立做了大量的准备工作。在此基础上，又由于当时一些客观因素的影响，决定迅速成立故宫博物院，以杜绝清皇室的复辟妄想。

故宫博物院院址定在故宫内廷，设古物馆、图书馆。1925年10月10日，故宫博物院成立典礼在故宫乾清宫前隆重举行，政府、文化、军、商、学等各界人士到会，热烈庆祝。为庆祝博物院的成立，特将原定为1元的参观券减到5角，优待参观两天。故宫博物院的成立及开放，吸引了大批观众，人们都想亲眼看

图17-3 1925年故宫博物院成立的开幕式现场（乾清宫会场）

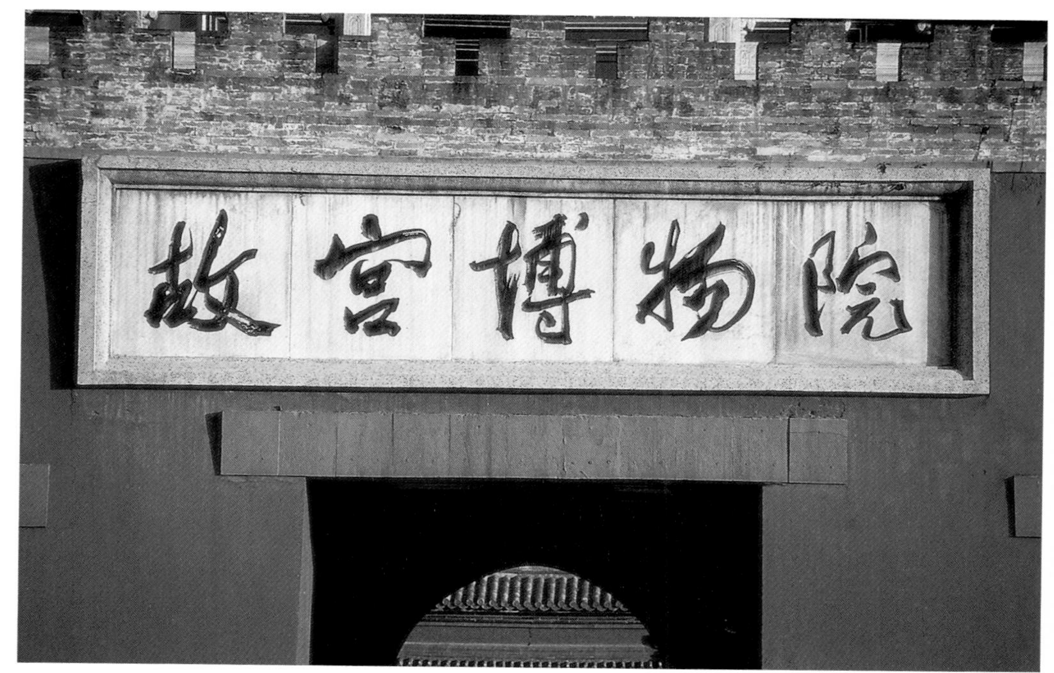

图17-4 神武门

紫禁城的北门，建于明永乐十八年（1420年）。原名“玄武门”，现为“故宫博物院”的正门。“故宫博物院”五个大字，为郭沫若先生题写。

一看这座宫廷禁地到底怎样情形。两天宫里宫外人群挤成一片，特别是有关宫廷史事的陈列展览室更是拥挤不堪，进出困难。故宫博物院的成立，使这座昔日的皇宫——宏伟的建筑和历代艺术珍品，变为全民族的共同财富。

故宫博物院成立后，曾经考虑将古物陈列所并入故宫博物院，前朝后寝合为一体，但一直没有实现。1947年9月成立古物陈列所归并故宫博物院的交接委员会，开始交接工作，1949年3月完成。故宫博物院外朝内廷终于合为一体，开始了对故宫的完整的保护和管理。

今天，故宫博物院以其世界著名博物馆崭新的面貌迎接着成千上万的参观者，几代人为之奋斗，为之拼搏，为故宫博物院的事业作出了极大的贡献。这辉煌的业绩，必将载入中华民族的史册。

大事年表

朝代	年号	公元纪年	大事记
明	永乐四年	1406年	永乐皇帝下诏以永乐五年五月建造北京宫殿
	永乐十八年	1420年	北京宫殿竣工
	永乐十九年	1421年	奉天、华盖、谨身三大殿毁于火
	永乐二十年	1422年	乾清宫毁于火
	正统六年	1441年	奉天、华盖、谨身三殿和乾清、坤宁两宫竣工
	正统十四年	1449年	文渊阁毁于火
	正德九年	1514年	乾清宫、坤宁宫毁于火
	正德十四年	1519年	重建乾清宫、坤宁宫
	嘉靖四年	1525年	营造仁寿宫
	嘉靖六年	1527年	崇先殿建成，位于奉先殿东侧，奉安皇考恭穆献皇帝神位（嘉靖帝生父）
	嘉靖十三年	1534年	在文华殿后建九五斋、恭默室为祭祀斋居之所
	嘉靖十四年	1535年	重建未央宫，并改东西六宫宫名。修建钦安殿以祀真武大帝
	嘉靖十五年	1536年	建慈庆宫、慈宁宫为皇太后宫
	嘉靖十六年	1537年	增修内阁公署 新建养心殿竣工 重修奉先殿竣工
	嘉靖三十六年	1557年	外朝三殿二楼十五门全部毁于雷火。同年兴工重建
	嘉靖三十七年	1558年	午门、奉天门（今太和门）及周围庑房、门等竣工

朝代	年号	公元纪年	大事记
明	嘉靖四十一年	1562年	三大殿及周围建筑竣工，嘉靖皇帝下旨更改殿名
	嘉靖四十五年	1566年	建玄极宝殿，以奉嘉靖皇帝之父睿宗
	隆庆元年	1567年	隆禧殿更名英华殿
	万历六年	1578年	慈宁宫花园添盖怡溪馆（今临溪亭）一座
	万历八年	1580年	重修皇极门，同年工竣
	万历十一年	1583年	修武英殿，同年工竣。修宫后苑，建堆秀山、御景亭、东西鱼池、浮碧、澄瑞亭及清望阁、金香亭、玉翠亭、乐志斋、曲流馆，慈宁宫火灾，十二年兴修，十三年竣
	万历二十二年	1594年	西华门城楼遭雷火被焚。后重修，二十四年竣工
	万历二十四年	1596年	乾清宫、坤宁宫被焚，二十五年重建，二十六年竣工
	万历二十五年	1597年	三大殿火灾，周围廊门庑房尽焚
	万历四十三年	1615年	重建三大殿
	天启七年	1627年	重建三大殿及门庑、廊等工程陆续开始，陆续建成，七年全部完工
清	顺治元年	1644年	重修乾清宫
	顺治二年	1645年	定紫禁城外朝三大殿及各门楼额名
	顺治八年	1651年	重修午门
	顺治十年	1653年	重修慈宁宫为皇太后宫
	顺治十二年	1655年	重修内廷各殿
	顺治十四年	1657年	重修奉先殿
	康熙八年	1669年	重修太和殿、乾清宫

朝代	年号	公元纪年	大事记
清	康熙十八年	1679年	建毓庆宫，供太子居住。太和殿火灾
	康熙二十二年	1683年	重建文华殿
	康熙二十四年	1685年	建传心殿
	康熙三十六年	1697年	重建太和殿，三十七年完工
	雍正四年	1726年	建紫禁城城隍庙
	雍正八年	1730年	建箭亭于景运门外
	雍正九年	1731年	建斋宫
	乾隆元年	1736年	新建寿康宫工竣。添建大小殿座、庑房门等288间，奉皇太后居住
	乾隆七年	1742年	新建建福宫及其花园，花园一区于1923年火灾
	乾隆十一年	1746年	改撷芳殿为三所，供皇子居住
	乾隆十二年	1747年	乾清门外东西各建南向值庐12间，东为九卿值舍，西为军机处值房
	乾隆十三年	1748年	建御茶膳房于箭亭东侧
	乾隆十五年	1750年	建雨花阁
	乾隆十六年	1751年	为皇太后庆寿，修葺咸安宫，并改名寿安宫
	乾隆十九年	1754年	改御花园养性斋为转角楼
	乾隆二十三年	1758年	太和殿院库房失火，延烧贞度门、西南崇楼、西南围房及熙和门等房屋42间，同年重修并竣工
	乾隆二十五年	1760年	寿安宫院内添建三层戏楼一座，嘉庆四年（1799年）拆除

朝代	年号	公元纪年	大事记
清	乾隆二十六年	1761年	保和殿后御路大石雕，重新雕刻铺砌
	乾隆三十年	1765年	慈宁宫花园添建慈荫楼、吉云楼、宝相楼
	乾隆三十二年	1767年	改建慈宁宫，改单檐为重檐顶
	乾隆三十六年	1771年	改建宁寿宫，作为太上皇宫殿
	乾隆三十九年	1774年	敕建文渊阁，四十一年建成。收贮《四库全书》、《古今图书集成》。养心殿添建梅坞
	乾隆四十一年	1776年	宁寿宫一区改建竣工
	乾隆四十八年	1783年	体仁阁灾，同年改建
	乾隆六十年	1795年	改建毓庆宫
	嘉庆二年	1797年	乾清宫火灾延烧交泰殿、弘德殿、昭仁殿，同年改建，三年（1798年）竣工
	嘉庆二十二年	1817年	畅音阁戏楼后台接盖扮戏楼一座
	嘉庆二十三年	1818年	畅音阁东西配楼改为围房
	道光二十五年	1845年	东六宫中的延禧宫毁于火：共烧房间25间，未再建
	咸丰九年	1859年	拆西六宫中的长春门，连通长春宫、启祥宫
	同治八年	1869年	武英殿火灾延烧房屋三十余间，后重修
	光绪十年	1884年	重修储秀宫，拆除储秀门，连通储秀宫、翊坤宫院
	光绪十四年	1888年	贞度门火灾，延烧太和门，十五年（1889年）重修
	光绪十七年	1891年	重修宁寿宫中一路为慈禧太后居住

“中国精致建筑100”总编辑出版委员会

总策划：周　谊　刘慈慰　许钟荣

总主编：程里尧

副主编：王雪林

主　任：沈元勤　孙立波

执行副主任：张惠珍

委员（按姓氏笔画排序）

王伯扬　王莉慧　田　宏　朱象清　孙书妍

孙立波　杜志远　李建云　李根华　吴文侯

辛艺峰　沈元勤　张百平　张振光　张惠珍

陈伯超　赵　清　赵子宽　咸大庆　董苏华

魏　枫

图书在版编目（CIP）数据

北京故宫 / 周苏琴撰文 / 胡锤等摄影 / 茹竞华等绘图. —北京：中国建筑工业出版社，2013.10（2022.9重印）
（中国精致建筑100）
ISBN 978-7-112-15715-0

Ⅰ. ①北… Ⅱ. ①周… ②胡… ③茹… Ⅲ. ①故宫-建筑艺术-图集 Ⅳ. ① TU-092.2

中国版本图书馆CIP 数据核字（2013）第189758号

责任编辑：董苏华 张惠珍 孙立波
技术编辑：李建云 赵子宽
图片编辑：张振光
美术编辑：赵 清 康 羽
书籍设计：瀚清堂·赵 清 周伟伟 康 羽
责任校对：张慧丽 陈晶晶 关 健
图文统筹：廖晓明 孙 梅 骆毓华
责任印制：郭希增 臧红心
材料统筹：方承艺

中国精致建筑100

北京故宫

周苏琴 撰文/胡 锤 刘志岗 赵 山 周苏琴 冯 辉 杨宏刚 摄影/茹竞华 吕小红 周苏琴 绘图

中国建筑工业出版社出版、发行（北京西郊百万庄）
各地新华书店、建筑书店经销
南京瀚清堂设计有限公司制版
北京富诚彩色印刷有限公司印刷

开本：889×710 毫米 1/32 印张：5 插页：1 字数：205 千字
2015年9月第一版 2022年9月第二次印刷
定价：**80.00**元
ISBN 978-7-112-15715-0
（24300）